职业教育改革创新系列教材

U0174549

维修电工工艺与技能训练

主　编　刘宇新　贾鸿宇　刘科建

副主编　李志江　何媛媛

参　编　苏伟明　赵忠凯　陈　刚

机械工业出版社

本书内容包括职业感知与安全用电训练、常用电工工具及仪表的使用、常用照明电路的安装、三相笼型异步电动机的拆装、常见机床电路的安装与调试、电子基本工艺与技能训练及 PLC 控制技术技能训练共 7 个项目。

为方便教学，本书有电子教案、多媒体课件、多媒体素材库、习题库等丰富的教学资源，凡选用本书作为授课教材的学校，均可通过电话（010-88379564）或 QQ（2314073523）咨询，有任何技术问题也可通过以上方式联系。

本书可作为职业院校机电类专业及相关专业的教材，也可作为工程技术人员的参考用书。

图书在版编目（CIP）数据

维修电工工艺与技能训练/刘宇新，贾鸿宇，刘科建主编 . —北京：机械工业出版社，2020.6（2024.9 重印）
职业教育改革创新系列教材
ISBN 978-7-111-65688-3

Ⅰ．①维… Ⅱ．①刘… ②贾… ③刘… Ⅲ．①电工-维修-职业教育-教材 Ⅳ．①TM07

中国版本图书馆 CIP 数据核字（2020）第 086094 号

机械工业出版社（北京市百万庄大街 22 号 邮政编码 100037）
策划编辑：曲世海 责任编辑：曲世海 冯睿娟
责任校对：陈 越 封面设计：马精明
责任印制：单爱军
北京中科印刷有限公司印刷
2024 年 9 月第 1 版第 7 次印刷
184mm×260mm · 10.5 印张 · 254 千字
标准书号：ISBN 978-7-111-65688-3
定价：35.00 元

电话服务　　　　　　　　　网络服务
客服电话：010-88361066　　机　工　官　网：www.cmpbook.com
　　　　　010-88379833　　机　工　官　博：weibo.com/cmp1952
　　　　　010-68326294　　金　书　网：www.golden-book.com
封底无防伪标均为盗版　　机工教育服务网：www.cmpedu.com

前　言

　　本书是职业教育改革创新系列教材，依据"维修电工工艺与技能训练"课程的主要教学内容和要求，并参照相关的国家职业技能标准编写而成。通过本书的学习，学生可以掌握必备的维修电工基本技能与工艺知识。本书在编写过程中紧密结合企业工作岗位，与职业岗位对接；选取的案例贴近日常生活和生产实际；将创新理念贯彻到内容选取和教材体例等方面。

　　本书分为入门篇：职业感知与安全用电，基础篇：维修电工基本工艺与技能训练，以及综合篇：常见综合维修电工项目工艺及技能训练共三篇。每一篇由1~3个项目组成，主要目的是提高学生的学习积极性和维修电工工艺与技能训练的综合能力。

　　本书由刘宇新、贾鸿宇、刘科建任主编，李志江、何媛媛任副主编，苏伟明、赵忠凯、陈刚参与了本书的编写工作。本书在编写过程中参考了大量的文献资料，在此向文献资料的作者致以诚挚的谢意。

　　由于编者水平有限，书中难免有不妥之处，恳请广大读者批评指正。

编　者

目　录

职业感知与安全用电

项目1 职业感知与安全用电训练

【项目简介】

本项目主要介绍了维修电工和安全用电的基本知识。维修电工是从事机械设备和电气系统电路及器件的安装、调试、维护与修理的人员。维修电工主要需要掌握：维修电工常识和基本技能、室内电路的安装、接地装置的安装与维修、常见变压器的检修与维护、各种常用电动机的拆装与维修、常用低压电器及配电装置的安装与维修、电动机基本控制电路的安装与维修、常用机床电气电路的安装与维修、电子电路的安装与调试、电气控制电路设计、可编程序控制器及其应用等。

维修电工必须接受安全教育，在具有遵守电工安全操作规程意识、了解安全用电常识后，经过专业的学习与训练，才能走上岗位。图1-1所示为维修电工工作及学生实训的场景。

a) 维修电工工作   b) 学生实训

图1-1 维修电工工作及学生实训场景

【项目实施】

任务1 职业感知

任务目标

1）感知维修电工的职业特征，培养维修电工的职业素养。

2）了解维修电工所掌握的基本技能。

3）了解维修电工上岗需持有的证书。

情景描述

中学物理课只学习了电压、电流的一些概念性的知识。在现实的生产、生活中，哪里需要维修电工？维修电工应该干些什么？他们的工作环境怎样？一个合格的维修电工应该具备哪些基本技能？对于刚刚进入职业学校的学生来讲一无所知，需要进行职业素养教育，了解维修电工的职业特征。

【任务准备】

一、维修电工的岗位职责

1）严格遵守公司员工守则和各项规章制度，服从领导安排，除完成日常维修任务外，还要有计划地承担其他工程任务。

2）努力学习维修电工技术，熟练掌握小区电气设备的原理及实际操作与维修。

3）制订所管辖设备的检修计划，按时按质按量地完成，并填好记录表格。

4）积极协调配电工的工作，出现事故时无条件地迅速返回机房，听从值班长的指挥。

5）严格执行设备管理制度，做好日夜班的交接班工作。

6）交班时发生故障，上一班必须协同下一班排除故障后才能下班，配电设备发生事故时不得离岗。

7）请假、补休需在一天前报告主管，并由主管安排合适的替班人。

8）每月进行一次分管设备的维修保养工作。

9）搞好班组内外清洁工作。

二、维修电工的操作规程

1）检修电气设备前，必须穿戴好规定的防护用品，并检查工具和防护用具是否合格可靠。

2）任何电气设备（包括停用电气设备）未经验电，一律视为有电，不准用手触及。

3）电气设备检修，一律按操作规程进行，先切断该设备总电源，挂上警告牌，验明无电后，方可进行工作。

4）检修配变设备动力干线必须严格执行操作规程和工作命令，在特殊情况下（指带电）须取得领导同意后，方可进行工作。

5）电气设备、金属外壳，一律应有保护接地，接地应符合规定。

6）各种电气设备、电热设备、开关、变压器及分路开关箱等周围禁止堆放易燃物品和加工零件。

7）电气设备安装检修后，须经检验合格后方可投入运行。

8）使用手电钻，一律戴橡胶手套，穿绝缘鞋或使用安全变压器，否则不准使用。

9）检修移动灯具，一律使用 36V 以下安全行灯，锅炉、管道检修和潮湿工作场所应用

12V 安全行灯。

10）单相、三相闸刀严禁带电负荷操作。

11）凡是企业车间里的电器在施工、检修过程中，需要停、送电的，在与中配站取得联系的情况下，由专人负责办理停、送电的相关手续。

12）三股三色、四股四色皮线一律以黑色作为接地保护线。

三、维修电工常识和基本技能

1. 安全用电

维修电工除本人需要具备安全用电知识外，还有宣传安全用电知识的义务和阻止违反安全用电行为发生的职责。图 1-2 所示是用电安全常识。

用电安全常识

用电安全一般规定

1. 无电工操作证不得进行电工作业。
2. 遇到插座、插销以及导线等有破损和裸露时，不得接近。
3. 不得用铜丝等代替熔丝。
4. 在移动电风扇、照明灯、电焊机等电气设备时，必须先切断电源。
5. 避免将太多插头用于同一插座，以免因负荷过重引起火灾，切勿用电线代替插头。
6. 潮湿的站立处应垫以干木板或绝缘胶垫，否则不可使用电气设备；露天场所使用的电气设备及装置，须使用防火类型。

工作场所用电安全

1. 电气操作属特种作业，操作人员（电工）必须经培训合格，持证上岗。
2. 车间内的电气设备，不得随便乱动。如电气设备出了故障，应请电工修理，不得擅自修理，更不得带故障运行。
3. 经常接触和使用的配电箱、配电板、闸刀开关、按钮开关、插座、插销以及导线等，必须保持完好、安全，不得有破损或带电部分裸露。
4. 在操作闸刀开关、磁力开关时，必须将盖盖好。
5. 使用的行灯应用安全电压，要有良好的绝缘手柄和金属护罩。
6. 在进行电气作业时，要严格遵守安全操作规程，遇到不清楚或不懂的事情，切不可不懂装懂，盲目乱动。
7. 一般来说应禁止使用临时线。必须使用时，应经过主管部门批准并采取安全防范措施，要按规定时间拆除。
8. 进行容易产生静电火花、爆炸事故的操作时（如使用汽油洗涤零件、擦拭金属板材等），必须有良好的接地装置。
9. 移动非固定安装的电气设备，如电风扇、照明灯、电焊机、测试设备等，必须先切断电源。

图 1-2　用电安全常识

2. 常用电工工具及仪表

常用电工基本工具是指维修电工必备的工具，能熟练使用各种常见的电工工具及仪表进行工作，是维修电工的一项基本技能。图1-3所示是常用电工工具。

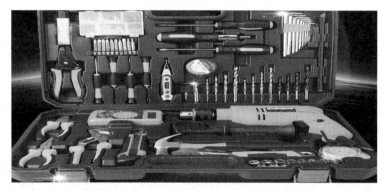

图1-3 常用电工工具

3. 电工基础知识

维修电工在练好操作技能的同时，应加强理论知识的学习。每一次维修任务的完成，都需要用所学的理论知识判断事故的成因，从而找到解决方案。当然，丰富的维修经验和出色的维修技能也很重要，但是不能太关注技能操作的培训而忽略了理论知识的学习，采用图文结合案例式的方式讲授比较生动，容易理解。

4. 常见照明（室内）电路的安装

照明电路是电工电路中的基础电路，也是最简单的电路之一。作为维修电工的基本技能，它能激发学生学习维修电工的兴趣，最主要的是能把在学校学到的技能运用到生活中，掌握一门实实在在的技术。图1-4所示是一种常见的家庭照明电路示意图。

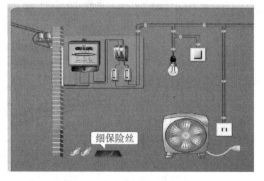

图1-4 家庭照明电路示意图

5. 常见变压器的检修与维护

随着社会的不断发展和进步，变压器所承载的工作任务和工作质量在不断地提高。在这种情况下，维修电工需要对变压器运行状态进行维护与检修，通过相关技能的运用，帮助变压器提高自身所具有的性能，并在工作中，能够更好地为居民和企业进行服务。图1-5所示是生活中常见的变压器。

6. 各种常用电动机的拆装与维修

电动机是生产、生活中常见的电气设备，由于电动机长期运行，必然造成电气故障、机械故障，也就涉及电动机的维修，作为维修电工必须认真研究探讨。维修电工主要需要掌握电动机拆卸前的准备工作、拆卸及装配工作等技术。图1-6所示是生产、生活中常见的电动机。

a) 电力变压器

b) 小型变压器

c) 三相变压器

图 1-5　常见变压器

a) 直流电动机

b) 三相交流电动机

c) 伺服电动机

图 1-6　常见电动机

7. 常用低压电器及配电装置的安装与维修

低压电器是一种能根据外界的信号和要求，手动或自动地接通、断开电路，以实现对电路或非电气对象的切换、控制、保护、检测、变换和调节的器件或设备。低压电器在运行过程中由于使用不当或长期投入运行使元器件老化等原因，均会导致故障的产生，且故障种类繁多，需要维修电工能够对常见故障进行分析处理。图 1-7 所示是一种常见典型电动机正转控制电路的电路图。

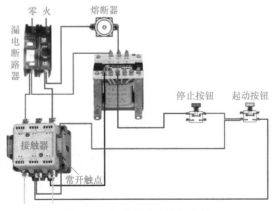
图 1-7　电动机正转控制电路

8. 常见机床电气电路的安装与维修

常见机床电气控制电路的专业理论知识与操作技能也是维修电工所要掌握的，主要内容包括电动机的基本控制电路及其安装、调试与维修，常见机床的电气控制电路及其安装、调试与维修等。图 1-8 所示是一些各种常见的机床。

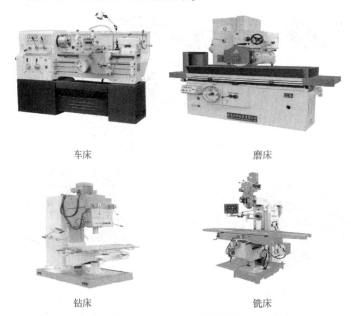

车床　　　　　　　　　　　磨床

钻床　　　　　　　　　　　铣床

图 1-8　各种常见的机床

9. 电子电路的安装与调试

电子电路安装与调试是维修电工培训和考证中的一个重要环节，其核心内容是电子电路的制作和调试，对维修电工考证中常用的电子电路的元器件检测、工作原理、制作和调试等各环节进行讨论，根据工作经验给出调试及检修方法。图 1-9 是一种典型的智能循迹小车，在电子技能实训中经常让学生练习焊接用。

图 1-9　智能循迹小车

10. 可编程序控制器及其应用

可编程序控制器也称 PLC，已经普及到各行各业，几乎每个企业都在使用 PLC，PLC 控制系统维护已经成为维修电工的日常工作。图 1-10 所示是一套自动化流水线的教学设备。

图 1-10　自动化流水线的教学设备

四、维修电工有"三宝"

维修电工需要哪些证书？电工进网作业一般应具备以下 3 个证书。

1. 特种作业操作证（国家安全生产监督管理总局）

特种作业人员必须经专门的安全技术培训并考核合格，取得"中华人民共和国特种作业操作证"（见图 1-11）后，方可上岗作业。

特种作业人员应当接受与其所从事的特种作业相应的安全技术理论培训和实际操作培训。

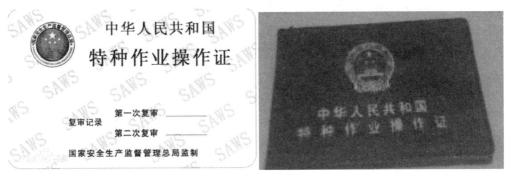

图 1-11 特种作业操作证

2. 职业资格证书（劳动人事部门）

本证书共设五个等级，分别为初级（国家职业资格五级）、中级（国家职业资格四级）、高级（国家职业资格三级）、技师（国家职业资格二级）、高级技师（国家职业资格一级），如图 1-12 所示。

图 1-12 职业资格证书

3. 高、低压电工进网作业许可证（国家能源局）

电工进网作业许可证（见图 1-13）是指在用户的受电装置或者送电装置上，从事电气安装、试验、检修、运行等作业的许可凭证。电工进网作业许可证分为低压、高压、特种三个类别。

注：一般考试内容分笔试和实际操作两部分。

图 1-13　电工进网作业许可证

五、维修电工的就业前景

维修电工的就业前景很广，只要有电的地方就需要有电工职位的人员存在，比如商场、酒店、银行和旅游景点等需要用到电的地方就有维修电工，所以维修电工的就业方向很多，就业面也很大。

维修电工可从事维修电器、电机维修、电子装配、发配电、继电保护、工厂用电、数控维修、家用电器维修等工作。维修电工（除工业电力系统）的工作范围包括布局、组装、安装、调试、故障检测及排除，以及维修电线、固定装置、控制装置以及楼房等建筑物内的相关设备维护等。虽然维修电工的年均收入比较高，但从业人员却不太多，难以满足用人单位的需求。预计在今后的 5 年里，这种状况将会继续延续下去。大量的维修电工人才的需求，让维修电工的就业前景十分广阔。

【任务实训】

实训 1　职业感知情景训练

一、实训过程

1. 现场参观（无条件的可以观看录像）后引出问题

引导问题 1：你知道图 1-14 中的这些人在干什么吗？

图 1-14a：_____　　　图 1-14b：_____

图 1-14c：_____　　　图 1-14d：_____

引导问题 2：图 1-14 中的这些人从事的是什么职业？

_____

引导问题 3：你认为怎样才能干好这些工作？

引导问题4：你将来想从事这项工作吗？

引导问题5：干好这些工作要付出很多努力，学习很多的知识和技能，你有思想准备吗？

引导问题6：你的维修电工"职业梦想"是什么？

a)

b)

c)

d)

图1-14　引导问题实例图片

2. 你周围有干维修电工的吗？讲述你所了解的人和事

小组活动：一个学生讲，组内其他学生听。组内学生互评，主要评价学生的语言表述能力、理解能力。

3. "我未来的工作"角色扮演

以小组为单位分配角色（领导、电工、用户），通过角色（领导、电工、用户）扮演，练习人与人之间的沟通能力，展望未来的工作。（学生可充分发挥想象力自定内容）

1）某居民小区，物业领导安排电工到客户家进行电灯检修，电工到用户家后，用户责怪电工来的不及时，态度不好……，电工应怎样完成检修任务？

2）领导安排电工到某车间进行照明电路检修，电工接到任务后，应该做哪些准备？……到车间后又应该怎么办？……

具体活动1：小组活动，安排内容，选择角色，填写表1-1。

表1-1　角色安排

角　色	学 生 姓 名	内容设计（沟通的内容、安全内容都可）
领导		
用户		
电工		

具体活动2：各小组在班级内展示，进行"我未来的工作"角色扮演。

具体活动3：展示评价，填写表1-2。

表1-2　角色扮演评价表

组　号	参加展示人数	评　价		小组优良排序
		语言表达最好的学生	模拟最好的学生	
1				
2				
3				
4				
5				

评价人签字：＿＿＿＿＿、＿＿＿＿＿、＿＿＿＿＿、＿＿＿＿

二、实训评定

填写实训内容综合评价表，见表1-3。

表1-3　职业感知实训内容综合评价表

实训内容评价表

班级		姓名		学号		日期	年　月　日		
评价指标	评 价 要 点				权重	等 级 评 定			
						A	B	C	D
搜集信息	能有效利用网络资源、工作手册查找有效信息				5%				
	能用自己的语言有条理地去解释、表述所学知识				5%				
	能将查找到的信息有效地转换到任务中				5%				
实训分析	是否熟悉实训任务				5%				
	在工作中，是否获得满足感				5%				
团队协作	与教师、同学之间是否相互尊重、理解，平等相处				5%				
	与教师、同学之间是否能够保持多向、丰富、适宜的信息交流				5%				
	探究学习，自主学习不流于形式，处理好合作学习和独立思考的关系，做到有效学习				5%				
	能提出有意义的问题或能发表个人见解；能按要求正确操作；能够倾听、协作分享				5%				
	积极参与，在学习与工作过程中不断学习，综合运用信息技术的能力提高很大				5%				

（续）

实训内容评价表

评价指标	评价要点	权重	等级评定			
			A	B	C	D
学习方法	任务策划、操作技能是否符合规范要求	5%				
	是否获得了进一步自主学习的能力	5%				
任务实施	遵守管理规程，操作过程符合现场管理要求	5%				
	平时上课的出勤情况和每天完成工作任务情况	5%				
	善于多角度思考问题，能主动发现、提出有价值的问题	5%				
自我评价	是否能发现问题、提出问题、分析问题、解决问题、创新问题	5%				
小组互评	按时按质完成工作任务	5%				
	较好地掌握了专业知识点	5%				
	具有较强的信息分析能力和理解能力	5%				
	具有较为全面严谨的思维能力并能条理明晰表述成文	5%				
评价等级						
有益的经验和做法						
教师点评				评定人：（签名）　　　年　　月　　日		

注：等级评定　A：很满意　B：比较满意　C：一般　D：有待提高

任务2　安全用电

任务目标

1）了解安全用电知识及常见的触电方式，建立自觉遵守电工安全操作规程的意识。

2）分析触电事故案例，了解常见的触电方式，正确采取措施，预防触电。

3）提高处理突发事件的能力。

4）能正确实施触电急救。

情景描述

维修电工上岗前必须接受安全教育，在具有遵守电工安全操作规程意识、了解安全用电常识后，经过专业学习与训练，才能走上岗位。

【任务准备】

一、安全用电常识

1. 触电的基本常识

人身直接接触电源，简称触电。人体是个导体，当人体接触设备的带电部分并形成电流通路的时候，就会有电流流过人体，从而造成触电。触电时电流对人身造成的伤害程度与电流流过人体的电动势、持续的时间、电流频率、电压大小及流经人体的途径等多种因素有关。

2. 触电事故与电流强弱的关系

影响触电伤害程度的电流种类如图1-15所示。

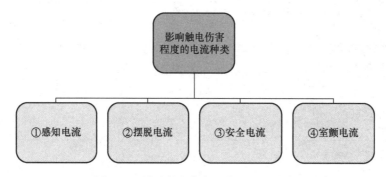

图1-15 影响触电伤害程度的电流种类

（1）感知电流　感知电流是指能够引起人们感觉的最小电流。感知电流值因人而异，总体上成年男子感知电流平均值约为1mA，而成年女子约为0.7mA。

（2）摆脱电流　摆脱电流是指人能忍受并能自动摆脱电源的通过人体的最大电流，平均值为10mA。

（3）安全电流　在工作和生活中用的电是50Hz工频交流电，当人体遭电击时，能摆脱带电体的最大电流称为安全电流。

（4）致命（室颤）电流　致命电流是指在较短的时间内危及生命的最小电流。当通过人体的电流超过50mA，时间超过1s就可能发生心室颤动和呼吸停止，即"假死"现象（正常情况下成人的心率平均值为75次/min，当发生心室颤动时心率将达1000次/min）。

3. 安全电压

安全电压是指不致使人直接致死或致残的电压。我国规定安全电压不超过36V。常用的安全电压有36V、24V、12V等。

二、触电事故的类型和方式

触电事故的类型和方式关系图如图1-16所示。

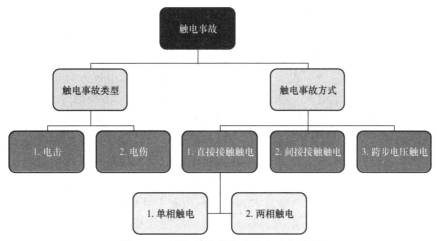

图 1-16　触电事故的类型和方式关系图

1. 触电事故的类型

电流对人体的伤害可分为两种类型：电击和电伤。

（1）电击　人体接触带电部分，造成电流通过人体，使人体内部的器官受到损伤的现象，称为电击触电。在触电时，由于肌肉发生收缩，受害者常不能立即脱离带电部分，使电流连续通过人体，造成呼吸困难，心脏麻痹，以致死亡，所以危险性很大。

（2）电伤　电伤是由电流的热效应、化学效应、机械效应等效应对人造成的伤害。触电伤亡事故中，纯电伤性质的及带有电伤性质的约占75%（电烧伤约占40%）。尽管大约85%以上的触电死亡事故是电击造成的，但其中大约70%的含有电伤成分。对专业电工自身的安全而言，预防电伤具有更加重要的意义。

1）电烧伤：一般有接触灼伤和电弧灼伤两种。接触灼伤多发生在高压触电事故时通过人体皮肤的进出口处，灼伤处呈黄色或褐黑色并累及皮下组织、肌腱、肌肉、神经和血管，甚至使骨骼显碳化状态，一般治疗期较长；电弧灼伤多是由带负荷拉、合刀闸，带地线合闸时产生的强烈电弧引起的，其情况与火焰烧伤相似，会使皮肤发红、起泡，组织烧焦，并坏死。

2）皮肤金属化：指在电弧高温的作用下，金属熔化、汽化，金属微粒渗入皮肤，使皮肤粗糙而张紧的伤害。根据熔化的金属不同，呈现特殊颜色，一般铅呈现灰黄色，纯铜呈现绿色，黄铜呈现蓝绿色，金属化后的皮肤经过一段时间能自行脱离，不会有不良后果。皮肤金属化多与电弧烧伤同时发生。

3）电烙印：指在人体与带电体接触的部位留下的永久性斑痕。斑痕处皮肤失去原有弹性、色泽，表皮坏死，失去知觉。

4）机械性损伤：指电流作用于人体时，由于中枢神经反射和肌肉强烈收缩等作用导致的机体组织断裂、骨折等伤害。

5）电光眼：指发生弧光放电时，由红外线、可见光、紫外线对眼睛的伤害。电光眼表现为角膜炎或结膜炎。

2. 影响触电伤害的因素

（1）通过人体的电压　较高的电压对人体的危害十分严重，轻则引起灼伤，重则足以使人致死。较低的电压，人体抵抗得住，可以避免伤亡。从人体触碰的电压情况来看，一般除 36V 以下的安全电压外，高于这个电压后都将是危险的。

（2）通过人体的电流　通过人体的电流决定于人体接触到电压的高低和人体电阻的大小。人体接触的电压越高，通过人体的电流越大，只要超过 0.1A 就能造成触电死亡。

（3）电流作用时间的长短　电流通过人体时间的长短，与造成人体的伤害程度有很密切的关系。人体处于电流作用下，时间越短获救的可能性越大。电流通过人体时间越长，电流对人体的机能破坏越大，获救的可能性也就越小。

（4）频率的高低　一般说来工频 50～60Hz 对人体是最危险的。从触电危害的角度来说，高频率电流灼伤的危险性并不比直流电压和工频的交流电危险性小。此外，无线电设备、淬火、烘干和熔炼的高频电气设备，能辐射出波长为 1～50cm 的电磁波。这种电磁波能引起人体体温增高、身体疲乏、全身无力和头痛失眠等症状。

（5）电流通过人体的途径　电流通过人体时，可使表皮灼伤，并能刺激神经，破坏心脏及呼吸器官的机能。电流通过人体的路径，如果是手到脚，中间经过重要器官（心脏）时最为危险；电流通过的路径如果是从脚到脚，则危险性较小。

（6）触电者的体质状况和皮肤的干湿润程度　人体是导电的，当触电后电压加到人体上时，就将有电流通过。这个电流与触电者的体质状况和当时皮肤的干湿程度有关。当皮肤潮湿时电阻就小，皮肤擦破时电阻更小，则通过的电流就大，触电时的危险程度也就大。同时与触电者的身体健康状况也有一定关系，如果触电者有心脏病、神经方面的疾病等，危险性就较健康的人大得多。

（7）人体的电阻　人体的电阻一般为 10000～100000Ω，主要是皮肤角质层电阻最大。当皮肤角质层失去时，人体电阻就会降到 800～1000Ω。如果皮肤出汗、潮湿和有灰尘也会使皮肤电阻大大降低。

3. 触电的方式

常见的触电方式有两种：直接接触触电和间接接触触电。

（1）直接接触触电　直接接触触电是指人体直接接触到带电体或者是人体过分的接近带电体而发生的触电现象，也称正常状态下的触电。常见的直接接触触电有单相触电和两相触电。

单相触电是指当人站在地面上人体的某一部位触到某相相线而发生的触电现象。在低压供电系统中发生单相触电，人体所承受的电压几乎就是电源的相电压220V，如图 1-17 所示。

两相触电是指人体同时接触设备或电路中的两相导体而发生的触电现象。若人体触及一相相线、一相零线，人体承受的电压为 220V；若人体触及两根相线，则人体承受的电压为线电压380V。两相触电对人体的危害更大，如图 1-18 所示。

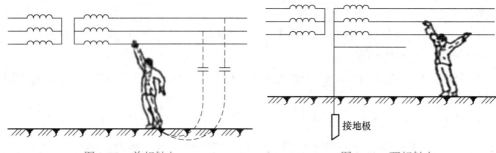

图 1-17　单相触电　　　　　图 1-18　两相触电

（2）间接接触触电 间接接触触电是指人体触及正常情况下不带电的设备外壳或金属构架，而因故障意外带电时发生的触电现象，也称非正常状态下的触电现象。

当电气设备发生接地故障，接地电流通过接地体向大地流散，在地面上形成分布电位，这时，若人在接地短路点周围行走，其两脚之间（人的跨步一般按 0.8m 考虑）的电位差，就是跨步电压，由跨步电压引起的触电就是跨步电压触电。跨步电压触电也属于间接接触触电，如图 1-19 所示。

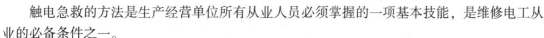

图 1-19 跨步电压触电

三、触电急救的方法

触电急救的方法是生产经营单位所有从业人员必须掌握的一项基本技能，是维修电工从业的必备条件之一。

触电者是否能获救，关键在于能否尽快脱离电源和施行正确的紧急救护。人体触电急救工作要有序、迅速。据统计，触电 1min 后开始急救，90% 有良好效果，6min 后 10% 有良好效果，12min 后救活的可能性就很小了。

1. 触电的现场抢救

常见的脱离低压电源的方法如图 1-20 所示。

1）使触电者尽快脱离电源。如果触电现场远离开关或不具备关断电源的条件，救护者可站在干燥木板上，用一只手抓住衣服将其拉离电源，如图 1-21 所示。

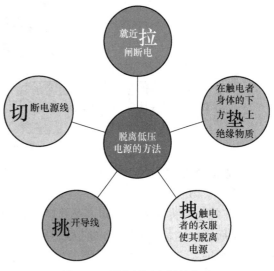

图 1-20 脱离低压电源的方法

2）如果触电发生在相线与大地间，可用干燥绝缘的绳索将触电者身体拉离地面，或用干燥木板将人体与地面隔开，再设法关断电源。

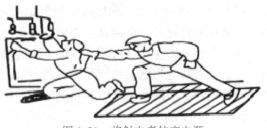

图 1-21　将触电者拉离电源

3）如果手边有绝缘导线，可先将一端良好接地，另一端与触电者所接触的带电体相接，将该相电源对地短路。

4）也可以用手头的刀、斧、锄等带绝缘柄的工具，将电线砍断或撬断。

2. 对不同情况触电的处理办法

对于不同情况触电的处理方法如图 1-22 所示。

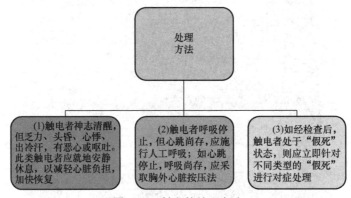

图 1-22　触电的处理方法

处理方法

(1)触电者神志清醒，但乏力、头昏、心悸、出冷汗，有恶心或呕吐。此类触电者应就地安静休息，以减轻心脏负担，加快恢复

(2)触电者呼吸停止，但心跳尚存，应施行人工呼吸；如心跳停止，呼吸尚存，应采取胸外心脏按压法

(3)如经检查后，触电者处于"假死"状态，则应立即针对不同类型的"假死"进行对症处理

3. 口对口人工呼吸法

人工呼吸的目的，是用人为的方法来代替肺的呼吸活动，使气体有节奏地进入和排出肺部，供给体内足够的氧气，充分排出二氧化碳，维持正常的换气功能。人工呼吸的方法有很多种，目前认为口对口人工呼吸法效果最好。具体操作的要领如图 1-23 所示。

图 1-23　口对口人工呼吸法

口对口人工呼吸

(1)清除口中异物　(2)保持气道通畅　(3)适量吹气　(4)自然排气

1）先使触电者仰卧，解开衣领、围巾、紧身衣服等，除去口腔中的黏液、血液、食物、假牙等杂物。

2）将触电者头部尽量后仰，鼻孔朝上，颈部伸直。救护人一只手捏紧触电者的鼻孔，另一只手掰开触电者的嘴巴。救护人深吸气后，紧贴着触电者的嘴巴大口吹气，使其胸部膨胀；之后救护人换气，放松触电者的嘴鼻，使其自动呼气。如此反复进行，吹气 2s，放松 3s，大约 5s 一个循环。

3）吹气时要捏紧鼻孔，紧贴嘴巴，不使其漏气，放松时应能使触电者自动呼气。

4）如果触电者牙关紧闭，无法撬开，可采取口对鼻吹气的方法。

5）对体弱者和儿童吹气时用力应稍轻，以免肺泡破裂。

口诀：张口捏鼻手抬颔，深吸缓吹口对紧；张口困难吹鼻孔，5s 一次坚持吹。

4. 胸外心脏按压法

采用人工方法帮助心脏跳动，维持血液循环，最后使病人恢复心跳的一种急救技术，适用于触电、溺水、心脏病等引起的心跳骤停。具体操作的要领如图 1-24 所示。

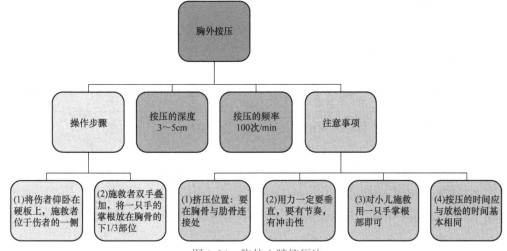

图 1-24　胸外心脏按压法

1）解开触电者的衣领，清除口腔内异物，使其胸部能自由扩张。

2）使触电者仰卧，姿势与口对口吹气法相同，但背部着地处的地面必须牢固。

3）救护人员位于触电者一边，最好是跨跪在触电者的腰部，将一只手的掌根放在心窝稍高一点的地方（掌根放在胸骨的下 1/3 部位），中指指尖对准锁骨间凹陷处边缘，另一只手压在那只手上，呈两手交叠状（对儿童可用一只手）。

4）救护人员找到触电者的正确压点，自上而下，垂直均衡地用力按压，压出心脏里面的血液，注意用力适当。

5）按压后，掌根迅速放松（但手掌不要离开胸部），使触电者胸部自动复原，心脏扩张，血液又回到心脏。

口诀：掌根下压不冲击，突然放松手不离；手腕略弯压一寸，一秒一次较适宜。

【任务实训】

实训 2　安全用电综合训练

一、实训过程

1. 事故案例分析

观看触电事故录像，列举出两个以上触电事故及原因（对多列举触电事故及原因的学生，总结评价时可加分，鼓励学生积极思考、主动参与）。

简述事故现象1：

_____

_____

触电原因：

_____

_____

简述事故现象2：

_____

_____

触电原因：

_____

_____

2. 查阅、学习安全用电基本知识

引导问题1：

《安全操作规程》《电气安装规程》《设备运行管理规程》是维修电工必备的三本书，请翻阅这三本书，回答下列问题：

1）电工在具体工作中，要确保人身、设备安全应遵守哪本书中的相关规定？

_____

_____

2）电工在具体工作中，要确保电气设备安装符合国家或地区标准要求，应遵守哪本书中的相关规定？

_____

_____

引导问题2：

1）我国电力生产的主要来源是_____和_____发电。

2）你还知道使用_____、_____能源发电。

3）电能输送的原则是容量越大，距离越远，输电电压就越高，这样做的目的是什么？

_____

4）据你了解，一般家用电器使用的电压为_____V。

3. 触电急救

1）在教师的指导下对人体模型实施触电急救，使触电者尽快脱离电源。在模拟的低压触电现场让一学生模拟被触电的各种情况，要求学生两人一组选择正确的绝缘工具，使用安全快捷的方法使触电者脱离电源。将已脱离电源的触电者按急救要求放体操垫上，学习"看、听、试"的判断办法，掌握口对口人工呼吸法及胸外心脏按压法。

2）注意事项。

① 练习前要认真学习口对口人工呼吸法和胸外心脏按压法的操作步骤，并认真观摩教师的示范操作。

② 不同的触电现场要学会用不同的方法进行救治。

③ 认认真真、坚持原则，出事是偶然的；马马虎虎、粗心大意，出事是必然的。

④ 练习完毕应及时将所学知识加以巩固和记忆。

二、实训评定

触电急救的评定成绩请填入表1-4。

表1-4 触电急救综合评定表

学生姓名：＿＿＿＿＿＿＿＿

训练内容	第一次合格率	第二次合格率	第三次合格率	第四次合格率	考核记录
口对口人工呼吸法					
胸外按压法					
两人同时配合抢救法					

【知识拓展】

永 动 机

永动机是一类所谓不需外界输入能源、能量或在仅有一个热源的条件下便能够不断运动并且对外做功的机械。不消耗能量而能永远对外做功的机器，违反了能量守恒定律，所以称为"第一类永动机"。在没有温度差的情况下，从自然界的海水或空气中不断吸取热量而使之连续地转变为机械能的机器，违反了热力学第二定律，所以称为"第二类永动机"。这两类永动机是违反当前客观科学规律的概念，是不能够被制造出来的。

1775年法国科学院通过决议，宣布永不接受永动机，现在美国专利及商标局严禁将专利证书授予永动机类申请。"第三类永动机"泛指永远都在动的机器。达·芬奇设计的永动机如图1-25所示。

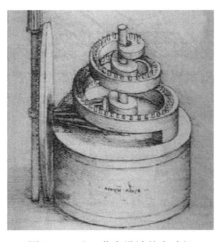

图1-25 达·芬奇设计的永动机

【拓展训练】

信息搜索和分析技能（ISAS）训练

一、训练要求

1）培养学生信息检索能力、分析能力、团队精神、文档处理能力和演讲能力。
2）培养学生项目开发能力。

二、训练材料

1）笔和纸。
2）计算机（每组一台）。
3）相关书籍和材料。

三、训练内容

全班同学分组完成 ISAS 与项目训练。每位同学要有明确、合理的任务分工。
ISAS 参考主题如下：
1）电子技术。
2）搜索技术（百度搜索、搜狗搜索）。
3）云计算。
4）PCB 技术。
每组同学要查询、分析资料，制作 PPT，并进行汇报；同时，各小组需为其课题撰写一份讲稿，该讲稿需在 ISAS 汇报之前交给教师。汇报完毕，进行小组的评比，教师进行点评，最后学生填写 ISAS 训练报告。

🔍 创意DIY

弓绳发电机图解

弓绳发电机的组成及各部件的说明如图 1-26 所示。它的工作原理：木头制作框架，上下木板钻孔，中间安置一根粗辐条做的轴，这个轴能够自由转动。轴正中用密封胶粘了两块圆柱形磁铁。一个三四百圈漆包线绕成的线圈穿过轴，线圈两端固定在木框架上，上下各有一个金属套管，中轴穿过套管，因此在转动的时候不会带动线圈。线圈两根引出线接在木框架右上的一个发光二极管上，这个发光二极管固定在一个黑色的胶卷盒里，因此看不到。轴的下方还套了一个自行车辐条和细绳制作的绳弓，绳弓是用来驱动转轴转动的。

图 1-27 所示是这种绳弓的细节。细绳缠在木棍上，使木棍的上下两端不能左右移动，但可以自由转动。这时左右拉动绳弓，木棍就会在绳子的驱动下快速转动。木匠就是使用这种绳弓原理的弓钻，给木材钻孔的。

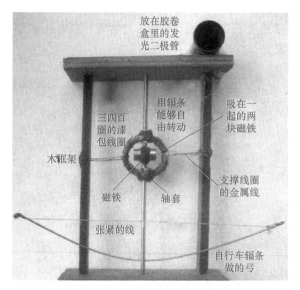

图 1-26 弓绳发电机的组成及各部分的说明

图 1-27 绳弓示意图

图 1-28 所示是磁铁转子和线圈定子的细节。两个磁铁互相吸引的两极相对,用一种密封胶粘在转轴上。线圈上下两端各通过一个套管,转轴就是从套管里穿过。

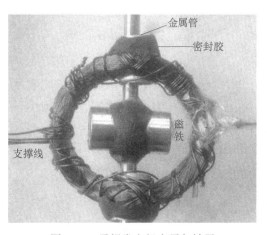

图 1-28 弓绳发电机定子与转子

　　弓绳发电机的使用如图 1-29 所示，左右拉动绳弓，带动转轴快速转动，转轴上的磁铁也跟着转动，线圈内的磁通量发生变化，产生感应电流。当电压达到一定的值时，就可以驱动右上角的发光二极管发光。

图 1-29　弓绳发电机的使用

基础篇

维修电工基本工艺
与技能训练

项目2 常用电工工具及仪表的使用

熟练使用常见的电工工具及仪表是维修电工的一项基本技能。电工工具和仪表在电气设备安装、维护、修理工作中起着重要的作用，正确使用电工工具和仪表，既能提高工作效率，又能减小劳动强度，保障作业安全。本项目主要进行常用电工工具及仪表（见图2-1）的技能训练。

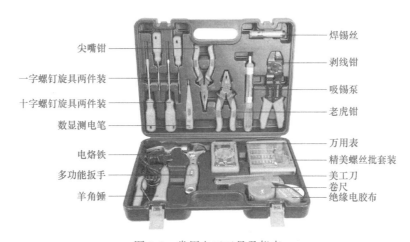

图 2-1 常用电工工具及仪表

【项目实施】

任务1 常用电工工具的使用

任务目标

1）了解常用电工工具的结构及作用。
2）掌握常用电工工具的使用方法。

要成为一名优秀的电工要掌握很多知识，平时的经验积累也很重要，而一些维修电工的技能入门知识，比如维修电工的日常使用工具，更是必须掌握的，那么下面就通过本任务的学习来跟大家一起梳理一下平时比较常用的基本工具。

【任务准备】

一、试电笔

试电笔也叫测电笔，简称"电笔"（见图2-2）。它是一种电工工具，用来测试电线中是否带电。

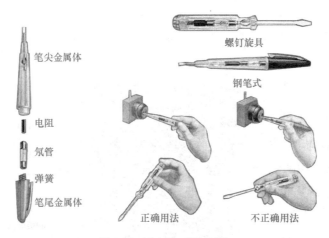

图 2-2　试电笔（测电笔）

使用方法：笔体中有一氖泡，测试时如果氖泡发光，说明导线有电。试电笔中笔尖、笔尾为金属材料，笔杆为绝缘材料。使用试电笔时，一定要用手触及试电笔尾端的金属部分，否则，因带电体、试电笔、人体与大地没有形成回路，试电笔中的氖泡不会发光，造成误判，认为带电体不带电。

判定交流电和直流电口诀：电笔判定交直流，交流明亮直流暗，交流氖管通身亮，直流氖管亮一端。

判定直流电正负极口诀：电笔判定正负极，观察氖管要心细，前端明亮是负极，后端明亮为正极。

工作原理：它的内部构造是一只有两个电极的灯泡，泡内充有氖气，俗称氖泡，它的一极接到笔尖，另一极串联一只高电阻后接到笔的另一端。当氖泡的两极间电压达到一定值时，两极间便产生辉光，辉光强弱与两极间电压成正比。当带电体对地电压大于氖泡起始的辉光电压，而将测电笔的笔尖端接触它时，另一端则通过人体接地，所以测电笔会发光。测电笔中电阻的作用是用来限制流过人体的电流，以免发生危险。

注意事项：使用时，必须使手指触及笔尾的金属部分，并使氖管小窗背光且朝自己，以便观测氖管的亮暗程度，防止因光线太强造成误判断。使用前，必须在有电源处对验电器进行测试，以证明该验电器确实良好，方可使用；验电时，手指必须触及笔尾的金属体，否则带电体也会误判为非带电体；验电时，要防止手指触及笔尖的金属部分，以免造成触电事故。

二、电工刀

电工刀是电工常用的一种切削工具，如图 2-3 所示。普通的电工刀由刀片、刀刃、刀把、刀挂等构成。不用时，把刀片收缩到刀把内。刀片根部与刀柄相铰接，其上带有刻度线及刻度标志，有的电工刀前端带有螺钉旋具刀头，两面加工有锉刀面区域，刀刃上具有一段内凹形弯刀口，弯刀口末端形成刀口尖，刀柄上设有防止刀片退弹的保护钮。电工刀的刀片汇集有多项功能，使用时可完成连接导线的各项操作，无须携带其他工具，具有结构简单、使用方便、功能多样等特点。

使用注意事项：在使用电工刀时，不得用于带电作业，以免触电；应将刀口朝外剖削，并注意避免伤及手指；剖削导线绝缘层时，应使刀面与导线成较小的锐角，以免割伤导线；使用完毕，随即将刀身折进刀柄。

三、螺钉旋具

螺钉旋具是一种用来拧转螺钉以迫使其就位的工具，通常有一个薄楔形头，可插入螺钉头的槽缝或凹口内。主要有一字（负号）和十字（正号）两种，如图 2-4 所示。常见的还有六角螺钉旋具，包括内六角和外六角两种。

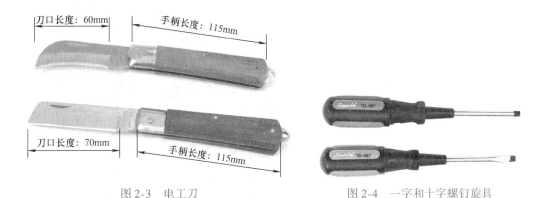

图 2-3　电工刀　　　　　　　　　　　图 2-4　一字和十字螺钉旋具

使用方法：螺钉旋具较大时，除大拇指、食指和中指要夹住握柄外，手掌还要顶住柄的末端以防旋转时滑脱。螺钉旋具较小时，用大拇指和中指夹着握柄，同时用食指顶住柄的末端旋动。螺钉旋具较长时，用右手压紧手柄并转动，同时左手握住中间部分（不可放在螺钉周围，以免将手划伤），以防止螺钉旋具滑脱。

注意事项：带电作业时，手不可触及螺钉旋具的金属杆，以免发生触电事故。作为电工，不应使用金属杆直通握柄顶部的螺钉旋具。为防止金属杆触到人体或邻近带电体，金属杆应套上绝缘管。

四、钳子

钢丝钳在电工作业时，用途广泛。钳口可用来弯绞或钳夹导线线头；齿口可用来紧固或起松螺母；刀口可用来剪切导线或钳削导线绝缘层；铡口可用来铡切导线线芯、钢丝等较硬线材。钢丝钳各用途的使用方法如图 2-5 所示。

尖嘴钳的头部尖细，如图 2-6 所示，适用于在狭小的工作空间操作。尖嘴钳可用来剪断较细小的导线；可用来夹持较小的螺钉、螺帽、垫圈、导线等；也可用来对单股导线整形（如平直、弯曲等）。若使用尖嘴钳带电作业，应检查其绝缘是否良好，作业时金属部分不要触及人体或邻近的带电体。

斜口钳专用于剪断各种电线电缆，如图 2-7 所示。对粗细不同、硬度不同的材料，应选用大小合适的斜口钳。

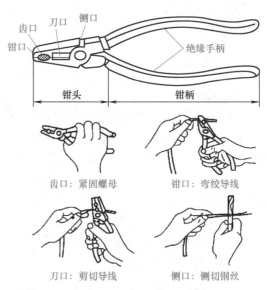

图 2-5　钢丝钳各用途的使用方法

图 2-6　尖嘴钳

图 2-7　斜口钳

剥线钳是专用于剥削较细小导线绝缘层的工具，常见的剥线钳如图 2-8 所示。使用剥线钳剥削导线绝缘层时，先将要剥削的绝缘长度用标尺定好，然后将导线放入相应的刀口中（比导线直径稍大），再用手将钳柄一握，导线的绝缘层即被剥离。

图 2-8　常见的剥线钳

五、电烙铁

电烙铁是最常用的手工焊接工具之一，被广泛用于各种电子产品的生产与维修。

（1）内热式电烙铁　内热式电烙铁（见图2-9）主要由发热元件、烙铁头、连接杆以及手柄等组成，它具有发热快、体积小、重量轻、效率高等特点，因而得到普遍应用。

（2）外热式电烙铁　外热式电烙铁（见图2-10）由烙铁心、烙铁头、手柄等组成。烙铁心由电热丝绕在薄云母片和绝缘筒上制成。外热式电烙铁常用的规格有25W、45W、75W、100W等，当被焊接物较大时常使用外热式电烙铁。它的烙铁头可以被加工成各种形状以适应不同焊接面的需要。

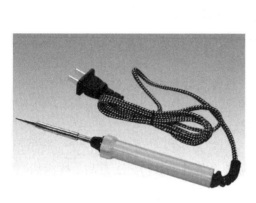

图2-9　内热式电烙铁

图2-10　外热式电烙铁

（3）恒温电烙铁　恒温电烙铁（见图2-11）是用电烙铁内部的磁控开关来控制烙铁的加热电路，使烙铁头保持恒温。磁控开关的软磁铁被加热到一定的温度时，便失去磁性，使触头断开，切断电源。恒温电烙铁也有用热敏元件来测温以控制加热电路使烙铁头保持恒温的。

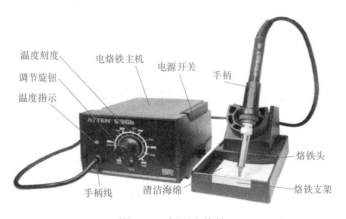

图2-11　恒温电烙铁

电烙铁的握法如图2-12所示。

使用注意事项：使用前应检查电源线是否良好，有无被烫伤。焊接电子类元件（特别是集成块）时，应采用防漏电等安全措施。当焊头因氧化而不"吃锡"时，不可硬烧。当焊头上锡较多不便焊接时，不可甩锡，不可敲击。焊接较小元件时，时间不宜过长，以免因热损坏元件或绝缘。焊接完毕，应拔去电源插头，将电烙铁置于金属支架上，防止烫伤或火灾的发生。

a) 笔握法　　　　　b) 拳握法

图 2-12　电烙铁的握法

【任务实训】

实训 1　常用电工工具综合训练

一、实训过程

1）用螺钉旋具将废旧导线从废旧电路板或者设备上拆下。

2）分别用电工刀和剥线钳剥削导线的绝缘层。

3）用钢丝钳配合尖嘴钳拉直剥削好的铜导线。

4）用电烙铁进行导线创意焊接训练。

自己设计、自己制作导线焊接（可根据设计需要添加其他材料）工艺品，样板如图 2-13 所示。

植物

摇椅

蝶恋花

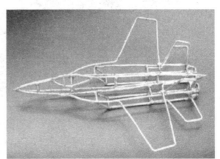

蓝天雄鹰

图 2-13　自由造型样板

二、实训评定

填写实训内容综合评价表，见表 2-1。

表 2-1　实训内容综合评价表

序号	主要内容	考核内容	配分	评分标准	扣分	得分
1	螺钉旋具的使用	螺钉旋具的使用	10分	使用不正确一处扣2分		
2	导线绝缘层的剥削	1）正确使用电工刀 2）正确使用剥线钳	20分	使用不正确一处扣2分		
3	导线成形训练	1）正确使用钢丝钳 2）正确使用尖嘴钳	10分	使用不正确一处扣2分		
4	焊接工艺	1）正确使用电烙铁 2）严格按照焊接"五步法"进行焊接	50分	1）使用不正确一处扣2分 2）焊点不合格一个扣2~5分		
5	文明生产规定	安全使用电工工具	10分	发生安全事故，视情况扣分		

任务 2　常用电工仪表的使用与操作

任务目标

1）学会使用万用表测量各种电气参数。
2）学会使用绝缘电阻表和钳形电流表来测量相关参数。
3）学会使用示波器测量各种参数。

情景描述

在维修电工的日常工作中经常需要测量的一些电量主要有电流、电压、电阻、电能、电功率和功率因数等，测量这些电量所使用的仪器仪表统称为电工仪表。在实际电气测量工作中，必须要了解电工仪表的分类、基本用途、性能特点，以便合理地选择仪表，还必须掌握电工仪表的使用方法和电气测量的操作技能，以获得正确的测量结果。本任务主要进行电工仪表识别与选用以及万用表、绝缘电阻表、钳形电流表、示波器的操作使用等技能训练。

【任务准备】

一、万用表

万用表又称三用表、万能表等，是一种多功能的携带式电工仪表。一般的万用表可以测量直流电流、直流电压、交流电压和电阻等，有些万用表还可测量电容、功率、晶体管共射极直流放大系数 h_{FE} 等，所以万用表是电工必备的仪表之一。万用表可分为指针式万用表和数字万用表。

通过本任务的学习，可以了解这两种万用表的结构及工作原理，掌握它们的使用方法，能熟练地测量各种电气参数。

1. 指针式万用表

（1）指针式万用表的结构 指针式万用表的形式很多，但基本结构是类似的。指针式万用表主要由表头、转换开关（又称选择开关）、测量电路三部分组成。常用的典型 MF47 型万用表如图 2-14 所示。

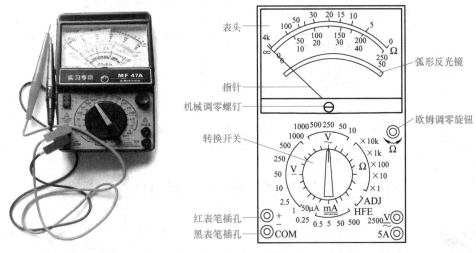

图 2-14　MF47 型万用表

1）表头。指针式万用表的表头（见图 2-15）采用高灵敏度的磁电式机构，是一个灵敏电流计，是测量的显示装置。表头上的表盘印有多种符号、刻度线和数值。符号 A－V－Ω 表示这只万用表是可以测量电流、电压和电阻的多用表。

表盘上印有多条刻度线，其中右端标有"Ω"的是电阻刻度线，其右端为零，左端为 ∞，刻度值分布是不均匀的。符号"－"或"DC"表示直流，"～"或"AC"表示交流，"≃"表示交流和直流共用的刻度线。刻度线下的几行数字是与选择开关的不同档位相对应的刻度值。另外表盘上还有一些表示表头参数的符号，如 DC 20kΩ/V、AC 9kΩ/V 等。表头上还设有机械零位调整旋钮（螺钉），用以校正指针在左端指零位。

2）转换开关。转换开关用来选择测量项目和量程（或倍率），是一个多档位的旋转开关，如图 2-16 所示。一般的万用表测量项目包括："mA"，直流电流；"V"，直流电压；"V̰"，交流电压；"Ω"，电阻。每个测量项目又划分为几个不同的量程（或倍率）以供选择。

3）测量电路。测量电路将不同性质和大小的被测电量转换为表头所能接受的直流电流。指针式万用表可以测量直流电流、直流电压、交流电压和电阻等多种电量。当转换开关拨到直流电流档时，可分别与 5 个接触头接通，用于 500mA、50mA、5mA、0.5mA 和 50μA 量程的直流电流测量。

同样，当转换开关拨到欧姆档时，可用 ×1、×10、×100、×1k、×10k 倍率分别测量电阻；当转换开关拨到直流电压档时，可用于 0.25V、1V、2.5V、10V、50V、250V、500V

和1000V量程的直流电压测量；当转换开关拨到交流电压档时，可用于10V、50V、250V、500V、1000V量程的交流电压测量。

图2-15　指针式万用表的表头

图2-16　转换开关

另外，MF47型万用表还提供2500V交直流电压扩大插孔以及5A的直流电流扩大插孔。

（2）指针式万用表的工作原理　万用表利用一只灵敏的磁电系直流电流表（微安表）做表头，当微小电流通过表头时，就会有电流指示。但表头不能通过大电流，所以，必须在表头上并联与串联一些电阻进行分流或降压，从而测出电路中的电流、电压和电阻。

1）测量直流电流的工作原理。如图2-17所示，在表头上并联一个适当的电阻（分流电阻）进行分流就可以扩展电流量程。改变分流电阻的阻值，就能改变直流电流测量的范围。

2）测量直流电压的工作原理。如图2-18所示，在表头上串联一个适当的电阻（倍增电阻）进行降压就可以扩展电压量程。改变倍增电阻的阻值，就能改变直流电压测量的范围。

图2-17　测量直流电流原理图　　　　图2-18　测量直流电压原理图

3）测量交流电压的工作原理。如图2-19所示，因为表头是直流表，所以测量交流时，需加装一个并、串式半波整流电路，将交流进行整流变成直流后再通过表头，这样就可以根据直流电的大小来测量交流电压。扩展交流电压量程的方法与直流电压量程相似。

4）测量电阻的工作原理。如图2-20所示，在表头上并联和串联适当的电阻，同时串接电池，使电流通过被测电阻，根据电流的大小，就可测量出电阻值。改变分流电阻的阻值，就能改变电阻的量程。

（3）指针式万用表的使用方法

1）使用前的准备。万用表使用前先要调整机械零点，把万用表水平放置好，看表针是否指在电压刻度零点，如不指零，则应旋动机械调零螺钉，使表针准确指在零点上。万用表有红色和黑色两只表笔（测试棒），使用时应插在表的下方标有"＋"和"－"的两个插孔内，红表笔插入"＋"插孔，黑表笔插入"－"插孔。

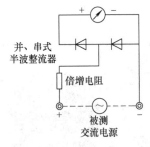

图 2-19　测量交流电压原理图

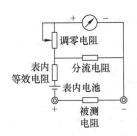

图 2-20　测量电阻原理图

MF47 型万用表用一个转换开关来选择测量的电量和量程，使用时应根据被测量及其大小选择相应档位。在被测量大小不详时，应先选用较大的量程测量，如不合适再改用较小的量程，以表头指针指到满刻度的 2/3 以上位置为宜。万用表的标度盘上有许多标度尺，分别对应不同被测量和不同量程，测量时应在与被测电量及其量程相对应的刻度线上读数。

2）电流的测量。测量直流电流时，用转换开关选择好适当的直流电流量程，将万用表串联到被测电路中进行测量。测量时注意正负极性必须正确，应按电流从正到负的方向，即由红表笔流入，黑表笔流出。测量大于 500mA 的电流时，应将红表笔插到"5A"插孔内。

3）电压的测量。测量电压时，用转换开关选择好适当的电压量程，将万用表并联在被测电路上进行测量。测量直流电压时，正、负极性必须正确，红表笔应接被测电路的高电位端，黑表笔接低电位端。测量大于 500V 的电压时，应使用高电压测试棒，插在"2500V"插孔内，并应注意安全。交流电压的刻度值为交流电压的有效值。被测交、直流电压值，由表盘的相应量程刻度线上读数。

4）电阻的测量。

步骤 1：选档位。把指针打到图 2-21 所示的档位（欧姆档 Ω），这是测量电阻用的档位。

步骤 2：识刻度。电流和电压读数的起始位置 0 在左边，而电阻档的起始位置 0 在右边，找到电阻的读数表盘线，读数就是从这里读，电阻档刻度线如图 2-22 所示。

图 2-21　档位选择

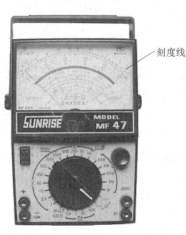

图 2-22　认识电阻档刻度线

步骤3：机械调零。万用表玻璃面下方中心有一圆形塑料，当万用表不使用时指针未指在零位上，可用一字螺钉旋具调节，将指针调至零位，这就称为机械调零（见图2-23）。

步骤4：欧姆调零。将万用表两个笔头对接，然后看指针是否指向零位置。如果不是，万用表有个机械调节的地方，转动它可以使表归零（如果不能调零说明电池没电了），每次换档都要进行欧姆调零（见图2-24）。

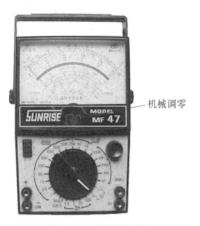

图2-23　机械调零

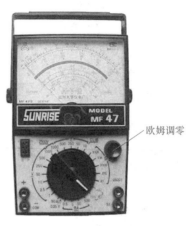

图2-24　欧姆调零

步骤5：测电阻。将两个笔头分别置于电阻两端，即可测量读数（见图2-25），这时读出的就是电阻阻值。但是，这种方法不能测量电源电阻。电阻值 = 档位 × 读数，比如档位是100Ω，读数是30，那么电阻值就是3kΩ。

2. **数字万用表**

近年来，随着集中式信息系统的广泛应用，新型袖珍式数字万用表（DMM）迅速得到推广和普及，显示出强大的生命力，并在许多情况下正逐步取代指针式万用表。数字万用表具有很高的灵敏度和准确度，具有显示清晰、直观、功能齐全、性能稳定、过载能力强、便于携带等特点。

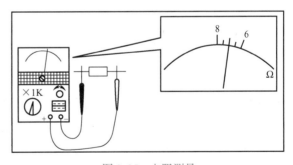

图2-25　电阻测量

数字万用表是根据模拟量与数字量之间的转换来完成测量的，它能用数字把测量结果显示出来。数字万用表测量电阻的误差比模拟式万用表的误差小，但用它测量阻值较小的电阻时，相对误差仍然比较大。

数字万用表的种类也很多，但其面板设置大致相同，都有显示屏、电源开关、转换开关和表笔插孔。数字万用表按工作原理（即按 A/D 转换电路的类型）分有：比较型、积分型、V/T 型和复合型，使用较多的是积分型。

（1）**数字万用表的结构**　数字万用表主要由直流数字电压表（DVM）和功能转换器构成。其中，数字电压表由数字部分和模拟部分构成，主要包括 A/D（模拟/数字）转换器、液晶显示器（LCD）、逻辑控制电路等。数字万用表的外观及面板介绍如图2-26所示。

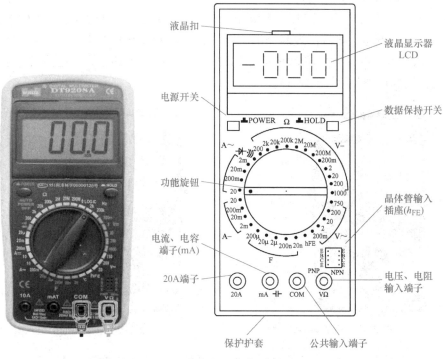

图 2-26　数字万用表外观及面板

（2）数字万用表的使用方法　相对来说，数字万用表属于比较简单的测量仪器。使用前，应认真阅读有关的使用说明书，熟悉电源开关、量程开关、插孔、特殊插口的作用。

1）测量直流电压（DCV）。使用时，将功能转换开关置于"DCV"档的相应量程，将红表笔插入测量插孔"V"，黑表笔插入测量插孔"COM"，两表笔并联在被测电路两端，并使红表笔对应高电位端，黑表笔对应低电位端，此时显示屏显示出相应的电压数字值。如果被测电压超过所选定量程，显示屏将只显示最高位"1"，表示溢出，此时应将量程改高一档，直至得到合适的读数。但被测电压超过所用量程范围过大时，易造成万用表的损坏，因此应注意测量前的档位选择，具体操作如图 2-27 所示。

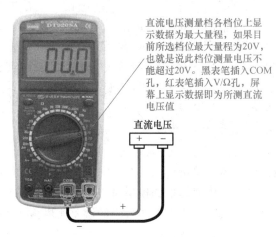

直流电压测量档各档位上显示数据为最大量程，如果目前所选档位最大量程为20V，也就是说此档位测量电压不能超过20V。黑表笔插入COM孔，红表笔插入V/Ω孔，屏幕上显示数据即为所测直流电压值

图 2-27　测量直流电压

2）测量交流电压（ACV）。使用时，将功能转换开关置于"ACV"档的相应量程上，将红表笔插入测量插孔"V"，黑表笔插入测量插孔"COM"，两表笔并联在被测电路两端，表笔不分正负。数字表所显示数值为测量端交流电压的有效值。如果被测电压超过所设定量程，显示屏将只显示最高位"1"，表示溢出，此时应将量程改高一档测量，具体操作如图 2-28 所示。

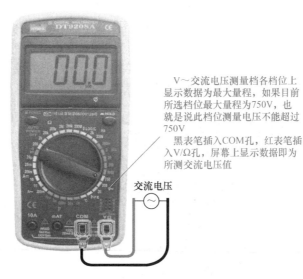

V～交流电压测量档各档位上显示数据为最大量程，如果目前所选档位最大量程为750V，也就是说此档位测量电压不能超过750V

黑表笔插入COM孔，红表笔插入V/Ω孔，屏幕上显示数据即为所测交流电压值

交流电压

图2-28　测量交流电压

3）测量直流电流（DCA）。使用时，将功能转换开关置于"DCA"档的相应量程上，将红表笔插入测量插孔"A"，黑表笔插入测量插孔"COM"，两表笔应串联在被测回路中，红表笔接在电流正极方向，黑表笔接在电流负极方向。当电流超过200mA时，置量程转换开关于"DCA"档的"10A"量程上，并将红表笔插入测量插孔"10A"中。因此，测量最高电流可达10A，测量时间不得超过10s，否则会因分流电阻发热使读数改变，具体操作如图2-29所示。

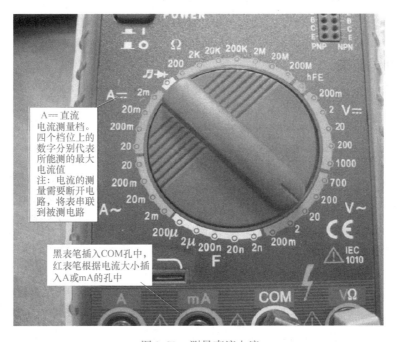

A⎓直流电流测量档。四个档位上的数字分别代表所能测的最大电流值
注：电流的测量需要断开电路，将表串联到被测电路

黑表笔插入COM孔中，红表笔根据电流大小插入A或mA的孔中

图2-29　测量直流电流

4）测量电阻。使用时，将量程转换开关置于"Ω"档的五个相应量程上，无须调零，将红表笔插入测量插孔"VΩ"，黑表笔插入测量插孔"COM"中，将两表笔跨接在被测电阻两端，即可在显示屏上得到被测电阻的数值，如图2-30所示。当使用200量程进行测量时，两表笔短路时读数为1.0，这是正常的，此读数是一个固定的偏移值，如被测电阻为100时读数为101，正确的阻值是显示读数减去1.0。

图2-30　测量电阻

黑表笔插入COM孔，
红表笔插入VΩ孔中

二、绝缘电阻表

1. 绝缘电阻表简介

绝缘电阻表又叫兆欧表或摇表（见图2-31），是一种简便的、常用来测量高电阻值的直读式仪表，一般用来测量电路、电机绕组、电缆、电气设备等的绝缘电阻。测量绝缘电阻时，对被测试的绝缘体需加以规定的较高试验电压，以计量渗漏过绝缘体的电流大小来确定它的绝缘性能好坏。渗漏的电流越小，绝缘电阻也就越大，绝缘性能也就越好，反之就越差。最常见的绝缘电阻表是由作为电源的高电压手摇发电机（交流或直流发电机）及指示读数的磁电系双动圈流比计所组成。

图2-31　绝缘电阻表

2. 绝缘电阻表的结构和原理

绝缘电阻表主要是由手摇直流发电机和磁电系电流比率式测量机构（流比计）组成，其外形和结构原理如图2-32所示。手摇直流发电机的额定输出电压有250V、500V、1kV、2.5kV、5kV等几种规格。

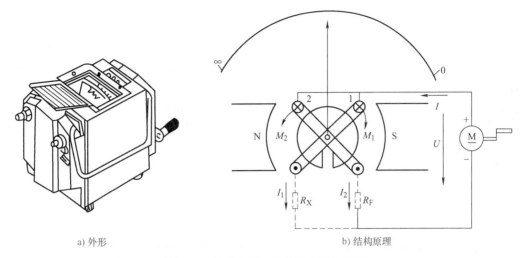

a) 外形   b) 结构原理

图 2-32   绝缘电阻表的外形和结构原理

绝缘电阻表的测量机构有两个互成一定角度的可动线圈，装在一个有缺口的圆柱铁心外边，并与指针一起固定在同一转轴上，置于永久磁铁的磁场中。由于指针上没有力矩弹簧，在仪表不用时，指针可停留在任何位置。测量时摇动手柄，直流发电机产生电压，形成两路电流 I_1 和 I_2，其中 I_1 流过线圈 1 和被测电阻 R_X，I_2 流过线圈 2 和附加电阻 R_F，若线圈 1 的电阻为 R_1，线圈 2 的电阻为 R_2，则有

$$I_1 = \frac{U}{R_1 + R_X}, \quad I_2 = \frac{U}{R_2 + R_F}$$

两式相比得

$$\frac{I_1}{I_2} = \frac{R_2 + R_F}{R_1 + R_X}$$

式中，R_1、R_2 和 R_F 均为定值，只有 R_X 是变量，可见 R_X 的改变与电流的比值相对应。当 I_1、I_2 分别流过线圈 1 和线圈 2 时，受到永久磁铁磁场力的作用，使线圈 1 产生转动力矩 M_1，线圈 2 与线圈 1 绕向相反，则产生反作用力矩 M_2，其合力矩的作用使指针发生偏转。当 $M_1 = M_2$ 时，指针停留在一定位置上，这时指针所指的位置就是被测绝缘电阻值。

3. 绝缘电阻表的选用

绝缘电阻表的常用规格有 250V、500V、1000V、2500V 和 5000V，选用绝缘电阻表主要应考虑它的输出电压及测量范围。一般额定电压在 500V 以下的设备，选用 500V 或 1000V 的表，额定电压在 500V 以上的设备，选用 1000V 或 2500V 的表，而瓷绝缘子、母线、刀开关等应选 2500V 以上的表。

绝缘电阻表量程范围的选用，一般应注意不要使其测量范围过多地超出所需测量的绝缘电阻值，以免发生较大的测量误差。例如一般测量低压电器设备绝缘电阻时可选用 0 ~ 200MΩ 量程的表，测量高压电器设备或电缆时可选用 0 ~ 2000MΩ 量程的表。有些绝缘电阻表的读数不是从 0 开始，从 1MΩ 或 2MΩ 起始的绝缘电阻表一般不宜用来测量低压电器设备的绝缘电阻，因为这时被测电器设备和电路的绝缘电阻有可能小于 1MΩ 或 2MΩ，容易误将它的绝缘电阻判定为 0。检测何种电气设备应当选用何种规格的绝缘电阻表，可参见表 2-2。

表 2-2　绝缘电阻表的额定电压和量程选择

被 测 对 象	设备的额定电压/V	绝缘电阻表额定电压/V	绝缘电阻表的量程/MΩ
普通线圈的绝缘电阻	500 以下	500	0～200
变压器和电动机线圈的绝缘电阻	500 以上	1000～2500	0～200
发电机线圈的绝缘电阻	500 以下	1000	0～200
低压电气设备的绝缘电阻	500 以下	500～1000	0～200
高压电气设备的绝缘电阻	500 以上	2500	0～2000
瓷瓶、高压电缆、刀闸		2500～5000	0～2000

4. 绝缘电阻表的使用方法及要求

1）测量前，应将绝缘电阻表保持水平位置，左手按住表身，右手摇动绝缘电阻表摇柄，转速约120r/min，指针应指向无穷大（∞），否则说明绝缘电阻表有故障。

2）测量前，应切断被测电器及回路的电源，并对相关元件进行临时接地放电，以保证人身与绝缘电阻表的安全和测量结果的准确。

3）测量时，必须正确接线，如图 2-33 所示。绝缘电阻表共有 3 个接线端（L、E、G）。测量回路对地电阻时，L 端与回路的裸露导体连接，E 端连接接地线或金属外壳；测量回路的绝缘电阻时，回路的首端和尾端分别与 L、E 连接；测量电缆的绝缘电阻时，为防止电缆表面泄漏电流对测量精度产生影响，应将电缆的屏蔽层接至 G 端。

4）绝缘电阻表接线柱引出的测量软导线绝缘应良好，两根导线之间和导线与地之间应保持适当距离，以免影响测量精度。

5）摇动绝缘电阻表时，不能用手接触绝缘电阻表的接线柱和被测回路，以防触电。

6）摇动绝缘电阻表后，各接线柱之间不能短接，以免损坏。

7）摇动绝缘电阻表后，持续时间不要久。

5. 绝缘电阻表使用的注意事项

因绝缘电阻表本身工作时产生高压电，为避免人身及设备事故必须重视以下几点：

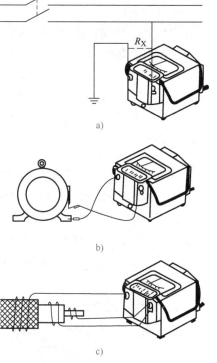

图 2-33　绝缘电阻表的接线方法

1）不能在设备带电的情况下测量其绝缘电阻。测量前被测设备必须切断电源和负载，并进行放电；已用绝缘电阻表测量过的设备如要再次测量，也必须先接地放电。

2）绝缘电阻表测量时要远离大电流导体和外磁场。

3）与被测设备的连接导线应用绝缘电阻表专用测量线或选用绝缘强度高的两根单芯多股软线，两根导线切忌绞在一起，以免影响测量准确度。

4）测量过程中，如果指针指向"0"位，表示被测设备短路，应立即停止转动手柄。

5）被测设备中如有半导体器件，应先将其插件板拆去。

6）测量过程中不得触及设备的测量部分，以防触电。

7）测量电容性设备的绝缘电阻时，测量完毕后，应对设备充分放电。

三、钳形电流表

1. 钳形电流表简介

钳形电流表简称钳形表，实物及示意图如图2-34所示。钳形电流表的工作部分主要由一只电磁系电流表和穿心式电流互感器组成。穿心式电流互感器的铁心制成活动开口，且成钳形，所以名为钳形电流表。它是一种不需要断开电路就可直接测电路交流电流的携带式仪表，在电气检修中使用非常方便，应用相当广泛。

钳形电流表可以通过转换开关的拨档，改换不同的量程，但拨档时不允许带电操作。钳形电流表一般准确度不高，通常为2.5～5级。为了使用方便，表内还有不同量程的转换开关用来测不同等级的电流及电压。

钳形电流表最初是用来测量交流电流的，但现在万用表有的功能它也都有，可以测量交直流电压（电流）、电容容量、二极管、晶体管、电阻、温度、频率等。

2. 钳形电流表的结构及原理

钳形电流表实质上是由一只电流互感器、钳形扳手和一只整流式磁电系有反作用力仪表所组成，如图2-35所示。

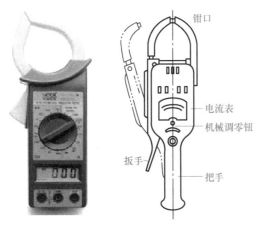

图2-34　钳形表的实物及示意图

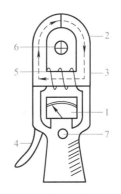

图2-35　钳形电流表结构示意图

1—电流表　2—电流互感器　3—铁心　4—扳手
5—二次绕组　6—被测导线　7—量程选择开关

钳形电流表的工作原理和变压器一样。一次绕组就是穿过钳形铁心的导线，相当于1匝的变压器的一次绕组，这是一个升压变压器。二次绕组和测量用的电流表构成二次回路。当导线有交流电流通过时，就是这一匝线圈产生了交变磁场，在二次回路中产生了感应电流，电流的大小和一次电流的比例，相当于一次绕组和二次绕组的匝数的反比。钳形电流表用于测量大电流，如果电流不够大，可以增加导线通过钳形表的圈数，同时将测得的电流数除以圈数。

旋钮实际上是一个量程选择开关，扳手的作用是开合穿心式互感器铁心的可动部分，以便使其钳入被测导线。

测量电流时，按动扳手，打开钳口，将被测载流导线置于穿心式电流互感器的中间，当被测导线中有交变电流通过时，交流电流的磁通在互感器二次绕组中感应出电流，该电流通过电磁系电流表的线圈，使指针发生偏转，在表盘标度尺上指出被测电流值。

3. 钳形电流表的分类

钳形电流表有模拟指针式和数字式两种。钳形电流表的检测范围：交流、直流均在 20 ~ 200A 或 400A 左右，也有可以检测到 2000A 大电流的产品；另有可检测数毫安微小电流的漏电检测产品，以及可检测变压器电源、开关转换电源等正弦波以外的非正弦波的有效值的产品。

4. 钳形电流表的使用方法

1）测量前要机械调零。

2）选择合适的量程，先选大量程，后选小量程或看铭牌值估算。

3）当使用最小量程测量，其读数还不明显时，可将被测导线绕几匝，匝数要以钳口中央的匝数为准，则测量值 =（指示值/满偏值×量程）÷匝数。

4）测量时，应使被测导线处在钳口的中央，并使钳口闭合紧密，以减少误差。

5）测量完毕后，要将转换开关放在最大量程处。

5. 钳形电流表使用的注意事项

1）被测电路的电压要低于钳形表的额定电压。

2）测高电压电路电流时，要戴绝缘手套，穿绝缘鞋，站在绝缘垫上。

3）钳口要闭合紧密，不能带电换量程。

四、双踪示波器

1. 双踪示波器简介

双踪示波器示波管由电子枪、Y 偏转板、X 偏转板和荧光屏组成。利用电子开关将两个待测的电压信号 Y_{CH1} 和 Y_{CH2} 周期性地轮流作用在 Y 偏转板上。由于视觉滞留效应，能在荧光屏上看到两个波形。

应当在掌握了所使用的双踪示波器面板上各旋钮的作用后，再操作。为了保护荧光屏不被灼伤，在使用双踪示波器时，光点亮度不能太强，而且也不能让光点长时间停在荧光屏的一个位置上。在实验过程中，如果短时间不使用双踪示波器，可将"辉度"旋钮调到最小，不要经常通断双踪示波器的电源，以免缩短示波管的使用寿命。双踪示波器上所有开关与旋钮都有一定强度与调节角度，使用时应轻且缓地旋转，不能用力过猛或随意乱旋转。

2. 双踪示波器的工作原理

电子枪被灯丝加热后发射电子，聚焦极将电子枪发射的电子聚焦为极细的电子束，可使波形显示清晰。加速极上加有较高的正电压，吸引电子脱离电子枪高速运动；显示屏上加有极高的正电压，吸引电子撞击在显示屏面上，使显示屏面涂的荧光材料发光。垂直偏转板和水平偏转板上加有偏转电压，偏转电压的极性和幅值控制电子束撞击显示屏面的位置。当偏转电压跟随输入信号变化时，就可以使电子束在屏面上"画"出信号波形。

双踪示波器具有两路输入端，可同时接入两路电压信号进行显示。在示波器内部，将输入信号放大后，使用电子开关将两路输入信号轮流切换到示波管的偏转板上，使两路信号同时显示在示波管的屏面上，便于进行两路信号的观测比较。

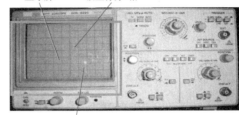

图 2-36　双踪示波器显示屏

3. 双踪示波器面板介绍

1）显示屏（见图2-36）。

2）显示屏下方面板（见图2-37）。

3）双踪示波器通道（见图2-38）。

4）选择性开关（见图2-39）。

5）调节旋钮（见图2-40）。

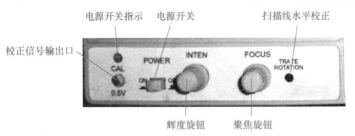

图 2-37　显示屏下方面板

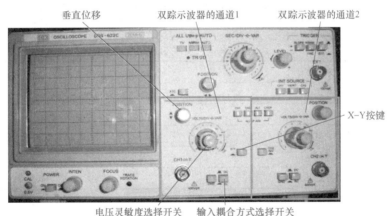

图 2-38　双踪示波器通道

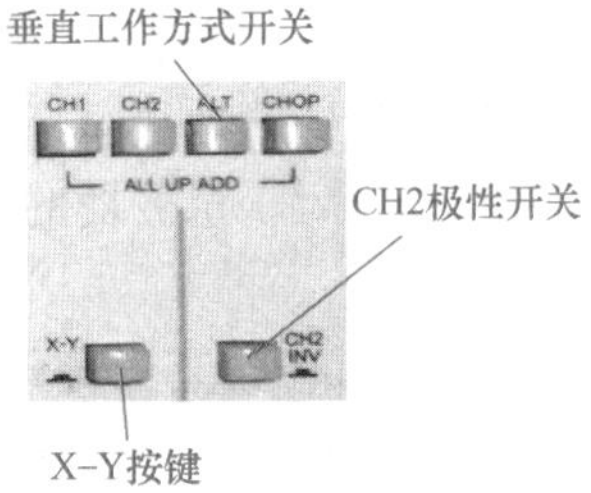

图 2-39　选择性开关 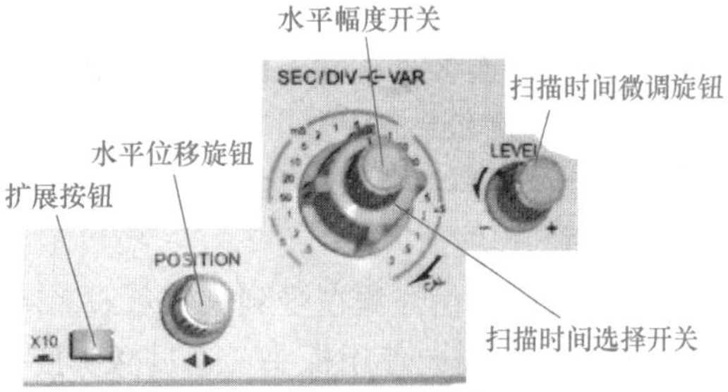　　　　图 2-40　调节旋钮

6）触发方式开关（见图2-41）。

7）触发选择开关（见图2-42）。

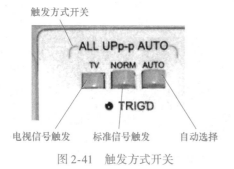

图2-41　触发方式开关

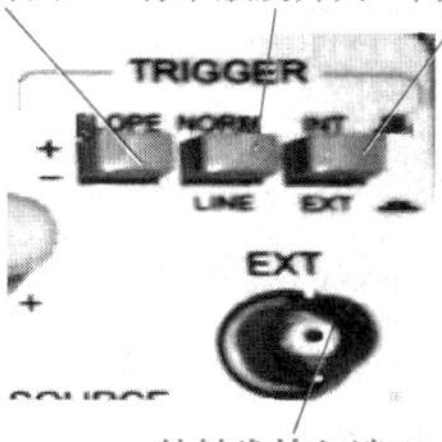

图2-42　触发选择开关

4. 双踪示波器的使用方法

（1）开机前的准备工作　检查电源电压是否与仪器电源电压要求一致，电源电压应在（1±10%）220V的范围。

（2）接通电源后的控制步骤

1）接通电源后应预热几分钟。

2）显示光点或扫描线。各控制开关置于表2-3中的设置位置后寻找光点。若看到光点或水平扫描线，可调整辉度、聚焦等旋钮，使显示的波形清晰。若没有出现光点，则可按下"寻迹"按键，确定光点所在的位置。调节Y轴和X轴的移位控制器，将光点（或扫描线）移至屏幕的中心位置，并将其调节清晰。

表2-3　各控制开关设置位置

控制开关名称	设 置 位 置
显示方式	Y_A
"极性-拉Y_A"	常态
"DC-⊥-AC"	置于"⊥"
"内触发-拉Y_B"	常态
触发方式	"自动"或"高频"
Y轴移位	居中
X轴移位	居中
X轴移位微调	居中

3）输入信号的连接。对输入信号的连线应注意必须使用屏蔽电缆线，尤其是观察低电平信号且包含较高频率谐波成分的波形。同时，应注意将电缆的芯线和屏蔽地线直接连接在被测信号源附近，否则将会造成测量上的误差。在测量和观察一般波形时，示波器的输入端也应采用尽量短的连线。

4）探头的使用。信号源在受到测试负载影响时将会产生一定的测量误差，为减小这类误差，通常在测量时需要使用探头，通过探头使信号源和测试负载实现隔离。由于探头的分压器可以进行一定的衰减，因此，测试探头适用于测量幅值较大的信号，具体的测试读数应取"V/div"开关刻度指示值的10倍。

5．双踪示波器的操作注意事项

1）使用环境温度为 −10 ～ +40℃。

2）示波器与被测电路之间的连线不宜过长，以免引入干扰，一般应使用屏蔽电缆及探头。

3）显示光点的辉度不宜过亮，以免损坏屏幕。中途暂时不使用时应将亮度调低。

4）定量观测应在屏幕的中心区域进行，以减小测量误差。

5）转换各控制器件时不要用力过大，以免损坏器件。

【任务实训】

实训2　万用表测量电阻

一、实训过程

1）在教师的指导下分别使用指针式万用表和数字万用表测量电阻。

2）学生观摩教师演示如何使用指针式万用表测量电阻。教师示范教学时，应将下述操作步骤及要求贯穿其中，边操作边讲解。

① 装上电池（2# 1.5V 及 9V 各一只），转动开关至所需测量的电阻档，将表笔两端短接，调整欧姆调零旋钮，使指针对准欧姆 "0" 位。

② 测量电路中的电阻时，应先切断电源，如电路中有电容应先行放电。

③ 将探头前端跨接在器件两端，或要测电阻的那部分电路的两端。

④ 查看读数，确认测量单位：欧姆（Ω）、千欧（kΩ）或兆欧（MΩ）。

3）学生观摩教师演示如何使用数字万用表测量电阻。教师示范教学时，应将下述操作步骤及要求贯穿其中，边操作边讲解。

① 测量电阻时，应将红表笔插入 VΩ 插孔，黑表笔插入 COM 插孔。

② 将量程开关置于 "OHM" 或 "Ω" 的范围内并选择所需的量程位置。

③ 打开万用表的电源，对表进行使用前的检查：将两表笔短接，显示屏应显示 0.00Ω；将两表笔开路，显示屏应显示溢出符号 "1"。以上两个显示都正常时，表明该表可以正常使用，否则将不能使用。

④ 检测时将两表笔分别接被测元器件的两端或电路的两端即可。测试时若显示屏显示溢出符号 "1"，表明量程选的不合适，应改换更大的量程进行测量。

在测试中若显示值为 "000"，表明被测电阻已经短路；若显示值为 "1"（量程选择合适的情况下），表明被测电阻的阻值为 ∞。

4）学生分组自由练习，教师巡回指导。

5）教师考核学生的万用表使用情况，并记录考核情况。

6）教师进行总结性的点评。

二、注意事项

1）练习前要认真学习两种万用表测量电阻的操作步骤，并认真观摩教师的示范操作。

2）认认真真、坚持原则，出事是偶然的；马马虎虎、粗心大意，出事是必然的。

3）练习完毕后应及时将所学知识加以巩固和记忆。

三、实训评定

实训考核评分记录表见表2-4。

表2-4　实训考核评分记录表

评分项目	评分内容	评分标准	评分方式	
			自我评分	教师评分
职业素养	安全意识 责任意识	1）作风严谨，自觉遵守纪律，出色地完成工作任务 2）能够遵守规章制度，较好地完成工作任务 3）遵守规章制度，没有完成工作任务；或虽完成工作任务但未严格遵守规章制度 4）不遵守规章制度，没有完成工作任务		
	学习态度	1）积极参与教学活动、全勤 2）缺勤达本任务总学时的10% 3）缺勤达本任务总学时的20% 4）缺勤达本任务总学时的30%		
专业能力	操作实训：用万用表测量电阻	1）按时、高质量完成任务，积极参与课堂练习 2）没按时完成任务，不积极参与课堂练习 3）没有完成任务，未参与课堂练习		
创新能力		学习过程中提出具有创新性、可行性的建议	加分奖励：	
学生姓名		综合评分等级		
指导教师		日期		

实训3　绝缘电阻表测量电动机的绝缘电阻

一、实训过程

1）在教师的指导下检查绝缘电阻表是否完好。

2）检查完毕后，学生观摩教师演示如何使用绝缘电阻表测量电动机的绝缘电阻。教师示范教学时，应将下述操作步骤及要求贯穿其中，边操作边讲解。

① 对电动机进行停电、放电、验电处理。对正在运行的电动机应先停电（大型电动机还需要放电棒对电动机进行对地放电），用验电笔确认无电后，再将电源线与电动机彻底分离。

② 测量三相绕阻相间绝缘电阻。测量电动机各相的绝缘电阻，要分别测量U相－V相、V相－W相、W相－U相之间的绝缘电阻，共需要测量三次，并将结果记录下来。

③ 测量绕组对外壳的绝缘电阻。将三相绕组短路后，测量其对外壳的绝缘电阻即可。若分别测量三相绕组对外壳的绝缘电阻，则需测量三次，将测量结果也记录下来。

④ 整理测量现场，恢复电动机运行。

3）学生观摩完后，分组进行练习，教师进行巡回指导。

4）教师检查学生的练习结果和测量记录。

5）由教师做总结性的点评。

二、注意事项

1）由于绝缘电阻表内手摇发电机发出电压较高，所以在测量过程中，操作者切勿用手触及绝缘电阻表的接线端及与其连线的导电部分。

2）绝缘电阻表测量用的接线要选用绝缘良好的单股导线，测量时两条线不能绞在一起，以免导线间的绝缘电阻影响测量结果。

3）测量完毕后，在绝缘电阻表没有停止转动或被测设备没有放电之前，不可用手触及被测部位，也不可去拆除连接导线，以免引起触电。

三、考核评价

实训考核评分记录表见表2-4。

实训4　示波器检测各种波形

一、实训过程

1）学生观摩教师演示如何使用双踪示波器进行方波校正。教师示范教学时，应将下述操作步骤及要求贯穿其中，边操作边讲解。

① 通电前，将辉度、聚焦电位器和扫描速度及衰减电位器调至最左端。

② 打开电源开关通电预热 3～5min。

③ 慢慢将辉度旋钮顺时针调至荧光屏上亮点可见。缓慢调节聚焦旋钮，使亮点圆而小。调节扫描速度旋钮，使亮点变成一条水平亮线。如果出现偏斜，就用小一字螺钉旋具轻轻调节扫描水平线校正微调电位器，使之水平。

④ 在示波器的 CH1 或 CH2 端口连上示波器探头，将探头挂在校正信号输出端（CAL），适当调节扫描速度和衰减旋钮，使屏幕上出现清晰可见的方波。

2）学生观摩教师演示如何使用双踪示波器测量直流电压。教师示范教学时，应将下述操作步骤及要求贯穿其中，边操作边讲解。

① 将待测信号送至（CH1 或 CH2）输入端。

② 将输入耦合开关（AC-GND-DC）扳至"GND"位置，显示方式置"AUTO"。

③ 旋转"扫描速度"开关和辉度旋钮，使荧光屏上显示一条亮度适中的时基线。

④ 调节示波器的垂直位移旋钮，使得时基线与一水平刻度线重合，此线的位置作为零电平参考基准线。

⑤ 把输入耦合开关置于"DC"位置，垂直微调旋钮置"CAL"位置（顺时针到头），此时就可以在荧光屏上按刻度进行读数了，U = 偏转刻度数 × 偏转灵敏度。

3）学生观摩教师演示如何使用双踪示波器测量交流电压。教师示范教学时，应将下述操作步骤及要求贯穿其中，边操作边讲解。

① 将待测信号送至（CH1 或 CH2）输入端。

② 把输入耦合开关置于"AC"位置。

③ 调整垂直灵敏度开关（V/div）于适当位置，垂直微调旋钮置"CAL"位置（顺时针到头）。

④ 分别调整水平扫描速度开关和触发同步系统的有关开关，使荧光屏上能显示一个周

期以上的稳定波形。

⑤ 计算峰-峰值 $U_{峰-峰}$。$U_{峰-峰}$ = 峰值偏转刻度数 × 偏转灵敏度。

4）学生观摩教师演示如何使用示波器观察非正弦波信号的波形。教师示范教学时，应将下述操作步骤及要求贯穿其中，边操作边讲解。

① 用函数信号发生器分别产生矩形波和三角波。幅度和频率任意。

② 用示波器观察矩形波的波形。

③ 用示波器观察三角波的波形，试测量三角波的周期和幅度。

④ 试根据测量结果计算三角波信号的有效值。

⑤ 画出矩形波和三角波的波形图。

5）学生观摩完后，分组进行练习，教师进行巡回指导。

6）教师检查学生练习结果，检查学生的测量记录。

7）由教师做总结性的点评。

二、注意事项

1）使用时不要把"辉度"调得太亮，也不要使光点长久停在一点上。

2）暂不使用时，可不必关断电源，只需把辉度调暗一些。

3）热电子仪器一般要避免频繁开机、关机，示波器也是这样。

4）如果发现波形受外界干扰，可将示波器外壳接地。

5）输入的电压不可太高，以免损坏仪器，在最大衰减时也不能超过400V。"Y输入"导线悬空时，受外界电磁干扰出现干扰波形，应避免出现这种现象。

6）关机前先将辉度调节旋钮沿逆时针方向转到底，使亮度减到最小，然后再断开电源开关。

7）在观察荧光屏上的亮斑并进行调节时，亮斑的亮度要适中，不能过亮。

三、考核评价

考核评分记录表见表2-5。

表2-5 双踪示波器使用考核评分记录表

评分项目	评分内容	评分标准	评分方式	
			自我评分	教师评分
职业素养	安全意识 责任意识	1）作风严谨，自觉遵守纪律，出色地完成工作任务 2）能够遵守规章制度，较好地完成工作任务 3）遵守规章制度，没有完成工作任务；或虽完成工作任务但未严格遵守规章制度 4）不遵守规章制度，没有完成工作任务		
	学习态度	1）积极参与教学活动、全勤 2）缺勤达本任务总学时的10% 3）缺勤达本任务总学时的20% 4）缺勤达本任务总学时的30%		

（续）

评分项目	评分内容	评分标准	评分方式	
			自我评分	教师评分
专业能力	操作实训1：用双踪示波器进行方波校正	1）按时、高质量完成任务，积极参与课堂练习 2）没按时完成任务，不积极参与课堂练习 3）没有完成任务，未参与课堂练习		
	操作实训2：用双踪示波器测量直流电压	1）按时、高质量完成任务，积极参与课堂练习 2）没按时完成任务，不积极参与课堂练习 3）没有完成任务，未参与课堂练习		
	操作实训3：用双踪示波器测量交流电压	1）按时、高质量完成任务，积极参与课堂练习 2）没按时完成任务，不积极参与课堂练习 3）没有完成任务，未参与课堂练习		
	操作实训4：用双踪示波器测量非正弦波信号	1）按时、高质量完成任务，积极参与课堂练习 2）没按时完成任务，不积极参与课堂练习 3）没有完成任务，未参与课堂练习		
创新能力	学习过程中提出具有创新性、可行性的建议		加分奖励：	
学生姓名		综合评分等级		
指导教师		日期		

【知识拓展】

虚拟仪器技术

虚拟仪器（Virtual Instruments）是检测技术与计算机技术和通信技术有机结合的产物，是美国国家仪器（National Instruments，NI）公司于1986年提出的。虚拟仪器是指在通用计算机上添加一层软件和一些硬件模块，使用户操作这台通用计算机时就像操作一台真实的仪器一样。该技术广泛应用于通信、自动化、半导体、航空、电子、电力、生化制药和工业生产等各种领域。

虚拟仪器技术强调软件的作用，提出了"软件就是仪器"的概念。虚拟仪器的"虚拟"二字主要体现在如下两个方面。

（1）虚拟仪器的面板是虚拟的　虚拟仪器的各种面板和面板上的各种"控件"，是由软件来实现的。用户通过对键盘或鼠标来对"控件"操作，从而完成对仪器的操作控制。

图2-43为几种常用仪器仪表的虚拟软件截图，用户通过对键盘或鼠标来对"控件"操作，可以完成对仪器的操作控制，实现仪器的各种功能。

（2）虚拟仪器的测试功能由软件来控制硬件实现　与传统仪器相比，虚拟仪器的最大特点是其功能由软件定义，可以由用户根据应用需要进行软件的编写，选择不同的应用软件就可以形成不同的虚拟仪器。

1. 虚拟仪器技术的三大组成部分

首先是高效的软件，软件是虚拟仪器技术中最重要的部分。使用正确的软件工具并通过

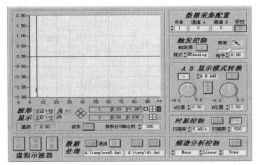

a) 虚拟数字存储示波器

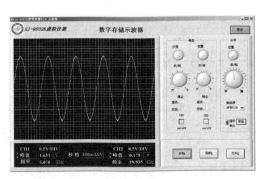

b) 虚拟数字示波器

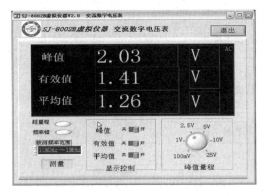

c) 虚拟交流数字电压表

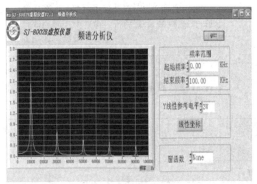

d) 虚拟频谱分析仪

图 2-43　各种虚拟仪器

设计或调用特定的程序模块，工程师和科学家们可以高效地创建自己的应用以及友好的人机交互界面。有了功能强大的软件，就可以在仪器中创建智能模块和决策功能，从而发挥虚拟仪器技术在测试应用中的强大优势。

其次是模块化的 I/O 硬件，面对如今日益复杂的测试测量应用，NI 提供了全方位的软硬件解决方案。NI 高性能的硬件产品结合灵活的开发软件，可以为负责测试和设计工作的工程师们创建完全自定义的测量系统，满足各种独特的应用要求。

最后是用于集成的软硬件平台。

只有同时拥有高效的软件、模块化 I/O 硬件和用于集成的软硬件平台这三大组成部分，才能充分发挥虚拟仪器技术性能高、扩展性强、开发时间少以及出色地无缝集成这四大优势。

2. 虚拟仪器技术的四大优势

（1）性能高　虚拟仪器技术是在 PC 技术的基础上发展起来的，所以完全继承了以 PC 技术为主导的最新商业技术的优点，包括功能超卓的处理器等，在数据高速导入磁盘的同时能实时地进行复杂的分析。此外，不断发展的网络使得虚拟仪器技术展现出更强大的优势。

（2）扩展性强　NI 的软硬件工具使得工程师和科学家们不再局限于当前的技术中。得益于 NI 软件的灵活性，只需更新计算机或测量硬件，就能以最少的硬件投资和极少的、甚至无需软件上的升级即可改进整个系统。在利用最新科技的时候，还可以把它们集成到现有的测量设备，最终以较少的成本减少产品上市的时间。

（3）开发时间少 在驱动和应用两个层面上，NI高效的软件构架能与计算机、仪器仪表和通信方面的最新技术结合在一起。NI设计这一软件构架的初衷就是为了方便用户的操作，同时还提供了灵活性和强大的功能，使用户轻松地配置、创建、发布、维护和修改高性能、低成本的测量和控制解决方案。

（4）无缝集成 虚拟仪器技术从本质上说是一个集成的软硬件概念。随着产品在功能上不断趋于复杂，工程师们通常需要集成多个测量设备来满足完整的测试需求，而连接和集成这些不同设备总是要耗费大量的时间。虚拟仪器软件平台为所有的I/O设备提供了标准的接口，帮助用户轻松地将多个测量设备集成到单个系统，减少了任务的复杂性。

与传统仪器技术相比，虚拟仪器技术最大的优势是它直接以计算机为支撑。虚拟仪器技术已成为测试行业的主流技术，随着虚拟仪器技术的功能和性能不断地提高，如今在许多应用中它已成为传统仪器的主要替代方式。随着PC、半导体和软件功能的进一步更新，未来虚拟仪器技术的发展将为测试系统的设计提供一个极佳的模式，并且使工程师们在测量和控制方面得到强大功能和灵活性。可以肯定，虚拟仪器技术必将与计算机技术同步发展。

【拓展训练】

"常用电工工具和仪表使用小窍门"手抄报比赛

一、比赛目标

1）培养学生信息检索能力、分析能力、团队精神、文档处理能力和演讲能力。
2）培养学生制作展板、手抄报的能力。

二、比赛材料

1）笔和纸。
2）网络资源。
3）相关书籍和材料。

三、比赛内容

同学们自由组合，2~3人为宜，制作以"常用电工工具和仪表使用小窍门"为主题的手抄报，然后组织评选。将同学们搜集的小窍门分类整理，制作成小册子，供大家学习交流使用，小册子可以随时补充完善。

 创意DIY

自制飞线笔

材料和工具：注射针头一个（将头磨平）、完整的旧圆珠笔杆一根、铜丝一卷（含卷轴）和长螺杆一个（螺杆直径和铜丝卷轴孔径相当，长度比卷轴高度长1cm左右），如图2-44所示。

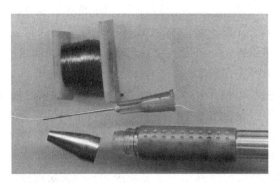

图 2-44　飞线笔的材料和工具

　　组装：如图 2-45 所示，在笔杆上钻一个孔，比螺杆直径略大，用螺杆将铜丝卷轴固定在笔杆上。将铜丝从笔杆末端穿进去，从笔杆前段穿出来。然后将铜丝穿过注射器针头，用笔头帽将针头固定在笔杆上，一支飞线笔就做成了。

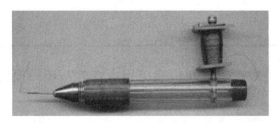

图 2-45　飞线笔成品

项目3 常用照明电路的安装

〖项目简介〗

　　电气照明广泛应用于生产和生活领域中，不同场合对照明装置和电路安装的要求不同。电气照明及配电电路的安装与维修，一般包括照明灯具安装、配电板安装和配电电路敷设与检修几项内容，也是电工技术中的一项基本技能。本项目主要进行常用照明灯具的安装、照明配电板的安装、室内配电电路布线和漏电保护器安装等技能训练。绿色照明概念图如图3-1所示。

图3-1　绿色照明概念图

〖项目实施〗

任务1　照明灯具的安装

任务目标

　　1）了解常用照明灯具的性能和特点。

　　2）学会常用照明灯具的安装工艺。

　　3）掌握常用照明灯具的安装技能。

情景描述

××学院×号教学楼的楼梯长期无照明灯，夜间存在较严重的安全隐患，现要求用塑料护套线明敷方式在楼梯装设照明灯，控制方式为两个双联开关控制一个灯，要求按时按要求完成，安装的电路应该符合布线的工艺要求，不得损伤电路。尽量用最少的材料，按要求完成安装任务。

【任务准备】

一、照明灯具安装工艺要求

照明灯具安装的一般要求：各种灯具、开关、插座及所有附件，都必须安装牢固可靠，应符合规定的要求。壁灯及吸顶灯要牢固地敷设在建筑物的平面上；吊灯必须装有吊线盒，每只吊线盒一般只允许装一盏电灯（双管荧光灯和特殊吊灯除外），荧光灯和较大的吊灯必须采用金属链条或其他方法支持；灯具与附件的连接必须正确可靠。

照明灯控制常有下列两种基本形式：

1）一种是用一只单联开关控制一盏灯，其电路如图 3-2 所示。接线时，开关应接在相线上，这样在开关切断后，灯头才不会带电，以保证使用和维修的安全。

2）另一种是用两只双联开关，在两个地方控制一盏灯，其电路如图 3-3 所示。这种形式通常用于楼梯或走廊上，在楼上楼下或走廊两端均可控制灯的接通和断开。

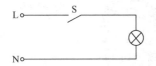
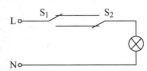

图 3-2　一只单联开关控制一盏灯　　　图 3-3　两只双联开关控制一盏灯

二、白炽灯的安装

白炽灯也称钨丝灯泡，灯泡内充有惰性气体，当电流通过钨丝时，将灯丝加热到白炽状态而发光，白炽灯的功率一般为 15～300W。因其结构简单、使用可靠、价格低廉、便于安装和维修。室内白炽灯的安装方式常有吸顶式、壁式和悬吊式三种，如图 3-4 所示。

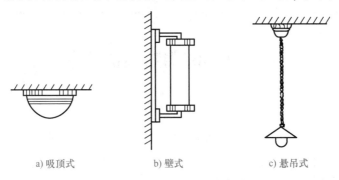

a) 吸顶式　　　　　b) 壁式　　　　　c) 悬吊式

图 3-4　常用白炽灯的安装方式

下面以悬吊式为例介绍其具体安装步骤。

1）安装圆木。如图 3-5 所示，先在准备安装吊线盒的地方打孔，预埋木榫或尼龙胀管。在圆木底面用电工刀刻两条槽，在圆木中间钻 3 个小孔，然后将两根电源线端头分别嵌入圆木的两条槽内，并从两边小孔穿出，最后用螺钉从中间小孔将圆木紧固在木榫或尼龙胀管上。

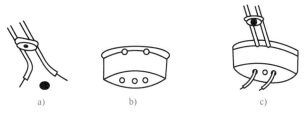

图 3-5　圆木的安装

2）安装吊线盒。先将圆木上的电线从吊线盒底座孔中穿出，用螺钉把吊线盒紧固在圆木上，如图 3-6a 所示。接着将电线的两个线头剥去 2cm 左右长的绝缘皮，然后将线头分别旋紧在吊线盒的接线柱上，如图 3-6b 所示。最后按灯的安装高度（离地面 2.5m），取一股软电线作为吊线盒的灯头连接线，上端接吊线盒的接线柱，下端接灯头。在离电线上端约 5cm 处打一个结，如图 3-6c 所示。使结正好卡在吊线盒盖的线孔里，以便承受灯具重量，将电线下端从吊线盒盖孔中穿过，盖上吊线盒盖就行了，如果使用的是瓷吊线盒，软电线上先打结，两根线头分别插过瓷吊线盒两棱上的小孔固定，再与两条电源线直接相接，然后分别插入吊线盒底座平面上的两个小孔里，其他操作步骤不变。

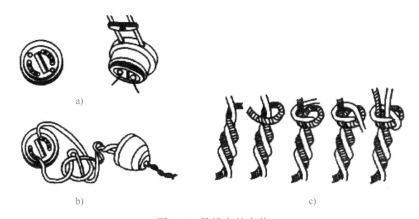

图 3-6　吊线盒的安装

3）安装灯头。如图 3-7 所示，旋下灯头盖，将软线下端穿入灯头盖孔中。在离线头约 3mm 处也打一个结，把两个线头分别接在灯头的接线柱上，然后旋上灯头盖。若是螺口灯头，相线应接在与中心铜片相连的接线柱上，否则容易发生触电事故。

在一般环境下灯头离地高度不低于 2m，潮湿、危险场所不低于 2.5m，如因生活、工作和生产需要而必须把电灯放低时，其离地高度不能低于 1m，且应在电源引线上加绝缘管保护，并使用安全灯座。离地不足 1m 使用的电灯，必须采用 36V 以下的安全灯。

4）安装开关。控制白炽灯的开关应串接在相线上，即相线通过开关再进灯头。一般拉线开关的安装高度离地面 2.5m，开关（包括明装或暗装）离地高度为 1.4m。安装开关时，方向要一致，一般向上为"合"，向下为"断"。

安装拉线开关或明装开关的步骤和方法与安装吊线盒大体相同，先安装圆木，再把开关安装在圆木上，如图3-8所示。

图 3-7　灯头的安装

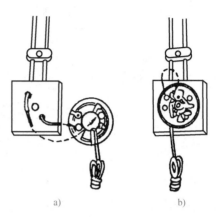

a)　　　　　　　　b)

图 3-8　开关的安装

5）常见故障与处理方法。白炽灯电路比较简单，检修起来也比较容易，其常见故障与处理方法可参考表3-1。

表 3-1　白炽灯常见故障与处理方法

故障现象	造成原因	处理方法
灯泡不亮	1）灯泡灯丝已断或灯座引线断开 2）灯头或开关处的接线接触不良 3）电路断路 4）电源熔丝烧断	1）更换灯泡或灯头 2）查明原因，加以紧固 3）检查并接通电路 4）查明原因并重新更换
灯泡忽亮忽暗或忽亮忽熄	1）灯头或开关处接线松动 2）熔丝接触不良 3）灯丝与灯泡内电极忽接忽离 4）电源电压不正常	1）查明原因，加以紧固 2）加以紧固或更换 3）更换灯泡 4）采取措施，稳定电源电压
灯泡特亮	1）灯泡断丝后搭丝（短路）使电流增大 2）灯泡额定电压与电路电压不符 3）电源电压过高	1）更换灯泡 2）更换灯泡 3）检查原因，排除电路故障
灯光暗淡	1）灯泡陈旧，灯丝蒸发变细，电流减小 2）灯泡额定电压与电路电压不符 3）电源电压过低 4）电路因潮湿或绝缘损坏有漏电现象	1）更换灯泡 2）更换灯泡 3）采取措施，提高电源电压 4）检查电路，更换新线

三、荧光灯的安装

荧光灯是由灯管、启辉器、镇流器、灯座和灯架等部件组成的。在灯管中充有水银蒸气和氩气，灯管内壁涂有荧光粉，灯管两端装有灯丝，通电后灯丝能发射电子轰击水银蒸气，使其电离，产生紫外线，激发荧光粉而发光。

荧光灯发光效率高、使用寿命长、光色较好、经济省电，所以也被广泛使用。荧光灯按功率分，常用的有 6W、8W、15W、20W、30W、40W 等多种；按外形分，常用的有直管形、U形、环形、盘形等多种；按发光颜色分，又分为日光色、冷光色、暖光色和白光色等多种。

荧光灯的安装方式有悬吊式和吸顶式，吸顶式安装时，灯架与天花板之间应留15mm的间隙，以利通风，如图3-9所示。

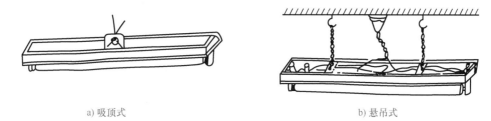

a) 吸顶式　　　　　　　　　　　　　　　　　b) 悬吊式

图3-9　荧光灯的安装方式

具体安装步骤如下：

1）安装前的检查。安装前先检查灯管、镇流器、启辉器等有无损坏，镇流器和启辉器是否与灯管的功率相配合。特别注意，镇流器与荧光灯管的功率必须一致，否则不能使用。

2）各部件安装。悬吊式安装时，应将镇流器用螺钉固定在灯架的中间位置；吸顶式安装时，不能将镇流器放在灯架上，以免散热困难，可将镇流器放在灯架外的其他位置。

将启辉器座固定在灯架的一端或一侧边上，两个灯座分别固定在灯架的两端，中间的距离按所用灯管长度量好，使灯脚刚好插进灯座的插孔中。吊线盒和开关的安装与白炽灯的安装方法相同。

3）电路接线。各部件位置固定好后，按图3-10所示进行接线。接线完毕要对照电路图仔细检查，以防接错或漏接，然后把启辉器和灯管分别装入插座内。接电源时，其相线应经开关连接在镇流器上，通电试验正常后，即可投入使用。

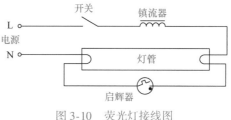

图3-10　荧光灯接线图

四、高压汞灯的安装

高压汞灯分镇流器式和自镇流式两种。高压汞灯功率在125W以下的，应配用E27型瓷质灯座，功率在175W以上的，应配用E40型瓷质灯座。

1）镇流器式高压汞灯。镇流器式高压汞灯是普通荧光灯的改进型，是一种高电压放电光源，与白炽灯相比，具有光效高、省电、寿命长等优点，适用于大面积照明。

它的玻璃外壳内壁上涂有荧光粉，中心是石英放电管，其两端有一对主电极，上主电极旁装有启动电极，用来启动放电。灯泡内充有水银和氩气，在辅助电极上串有一个4kΩ的电阻，其结构如图3-11所示，接线图如图3-12所示。

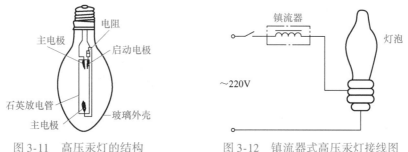

图3-11　高压汞灯的结构　　　　　图3-12　镇流器式高压汞灯接线图

2）自镇流式高压汞灯。自镇流式高压汞灯是利用水银放电管、白炽体和荧光质三种发光元素同时发光的一种复合光源，所以又称复合灯。它与镇流器式高压汞灯外形相同，工作原理基本一样。不同的是它在石英放电管的周围串联了镇流用的钨丝，不需要外附镇流器，像白炽灯一样使用，能瞬时起燃、安装简便、光色也好。但它的发光效率低、不耐振动、寿命较短。

【任务实训】

实训1　楼梯双控灯的安装训练

一、实训过程

学习活动1：识读楼梯双控灯

楼梯双控灯示意图如图3-13所示，电路原理图如图3-14所示。

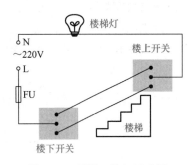

图3-13　楼梯双控灯示意图

两个开关控制一盏灯
相线必须经过开关，
零线接灯头螺口上

图3-14　楼梯双控灯电路原理图

学习活动2：线槽配线的工艺要求

（1）线槽配线的步骤　定位划线→底板的固定→布线。

（2）操作提示

1）为方便固定线槽底板，在混凝土结构墙面上可先钻孔安装木榫或膨胀管，然后固定。

2）槽板内的导线不能受到挤压，不应有接头，如必须有连接和分支，应在连接或分支处装设接线盒。

3）导线伸出槽板与灯具等元件连接时应留出100mm的余量，以便连接。

学习活动3：施工方案

1）关掉总刀开关。

2）先准备两个双控开关（每个双控开关都有上、下、右三个触头）；一盘红色的电线，作相线用；一盘蓝色的电线，作零线用；一盘绿色的电线，作两个双控开关之间的连线用。

3）首先打开这两个开关的开关盒，把这两个开关装到墙上，将两个双控开关的上、下触头用两根绿色的电线相连，连接时两个开关正面放置，上触头连接上触头，下触头连接下触头做成双控控制线。

4）用一条红色的电线，连接楼下的那个开关的右触头（如果楼下的那个开关左边带插座，那么这条电线可以改用褐色或黑色的电线），检查电线没有相碰即可盖上这个开关盒的外盖，再把这条电线连接到卡口灯头的其中一个接线柱，再用一条蓝色的电线连接卡口灯头的另一端。

5）将刚才连接好灯头的那条蓝色电线的末端连接到零线。

6）取出一条红色的电线，连接到楼上的那个开关的右触头。如果你是新手，并且第一次连接这种开关电路，建议在这条红色电线的连接端接上一段10cm的熔丝，再把熔丝的另一端连接到那个开关的右触头，这样就把这条红色电线连接到了相线，此时电路连接完成。

7）确保刚才连接的那条熔丝连接牢固，小心地合上刀开关，如果看见那条熔丝熔断、电线起火花或者听到爆破声，就要马上关断总刀开关如果发现总刀开关自动断开，也不要强硬合上，因为这是一种短路保护的现象，这时应该重新检查电路的连接。要是没有异常情况，就先关掉总刀开关（这个很重要），再移开刚才接的那根熔丝，检查电线是否相碰，如果没有就盖上这个开关盒的外盖，最后把这条红色的电线正式连接到相线去，此时整个安装操作完成。

注：制定施工方案时，可采用头脑风暴法进行。

学习活动4：施工图

楼梯双控灯施工图如图3-15所示。

注：本次任务采用的是双联开关来代替单刀双掷开关。

学习活动5：任务实施步骤

（1）定位划线 实操要点：严格按照安装接线图进行定位划线，如图3-16所示。

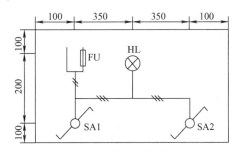

SA1、SA2单刀双掷开关
导线：塑料护套线配线
尺寸单位：mm

图3-15 楼梯双控灯施工图

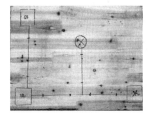

图3-16 定位划线

（2）线管敷设 实操要点：预埋接线盒，如图3-17所示。
实操要点：敷设线管，如图3-18所示。

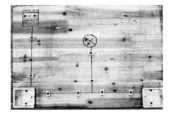

图3-17 预埋接线盒

图3-18 敷设线管

（3）配线　实操要点：确定导线根数。配线如图 3-19 所示。

（4）安装连接器件　实操要点：正确连接导线，如图 3-20 所示。

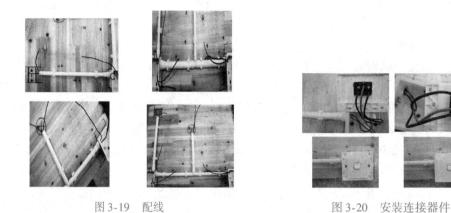

图 3-19　配线　　　　　　　　　　　　　图 3-20　安装连接器件

学习活动 6：安装注意事项

1）相线经开关控制。

2）利用两个双控开关实现双控白炽灯时，相线进入一个开关的公共接线桩，另一个开关的公共接线桩接灯座的舌簧接线桩，两开关的两个受控接线桩分别用一根导线连接。

3）操作完成后，要清理现场。

二、实训评定

通过施工项目的验收来评定学生任务实施的成效，并能及时给予学生相关的指导。经教师的验收和指导，学生可以进一步完善任务的施工。

要求学生能够正确填写任务验收单，能根据实训要求，进行相关验收工作，能与之进行有效的沟通，按时交付验收。首先利用万用表自检，如果有错误，可以直接修改，最后交由教师验收。

小提示：按电工操作规程，操作完毕后要清点工具、人员，收集剩余材料，清理工程垃圾，拆除防护措施，正确标注照明控制箱中有关低压断路器，铭牌标签样品如图 3-21 所示。

图 3-21　铭牌标签样品

任务验收单见表 3-2。

表 3-2 　　××学院××系施工任务验收单

任务名称：	
任务开工时间：	
任务竣工时间：	
任务施工的质量：	
5S 管理情况：	
评价：	

楼梯双控灯安装训练学习评定表见表 3-3。

表 3-3 　　××学院××系学习评定表

项　　目	自 我 评 价			小 组 评 价			教 师 评 价		
	A	B	C	A	B	C	A	B	C
出勤时间观念									
学习活动 1									
学习活动 2									
学习活动 3									
学习活动 4									
学习活动 5									
学习活动 6									
综合评价									
总　评 建　议 （指导教师）							总 成 绩		
备　注									

任务 2　室内配电电路的布线

任务目标

1）了解室内配电电路布线的技术要求和布线方式的类型。
2）学会室内绝缘子布线、槽板布线和线管布线的操作工艺。
3）掌握室内绝缘子布线和槽板布线的操作技能。

情景描述

室内布线就是敷设室内用电器具的供电电路和控制电路，室内布线有明装式和暗装式两种。明装式是导线沿墙壁、天花板、横梁及柱子等表面敷设；暗装式是将导线穿管埋设在墙内、地下或顶棚里。

室内布线方式分为瓷夹板布线、绝缘子布线、槽板布线、护套线布线和线管布线等。暗装式布线中最常用的是线管布线，明装式布线中最常用的是绝缘子布线和槽板布线。

【任务准备】

一、刀开关及电度表的安装

（1）刀开关的安装　刀开关的作用是控制用户电路与电源之间的通断，在单相照明配电板上，一般采用胶盖瓷底刀开关。开关上端的一对接线端子与静触头相连，规定接电源进线，这样，当闸刀拉下时，刀片和熔丝上就不带电，保证了装换熔丝的安全。

安装固定刀开关时，手柄一定要向上，不能平装，更不能倒装，以防拉闸后，手柄由于重力作用而下落，引起误合闸。

（2）单相电度表的安装　电度表又称电能表，是用来对用户的用电量进行计量的仪表。按电源相数分为单相电度表和三相电度表，在小容量照明配电板上，大多使用单相电度表。

1）电度表的选择。选择电度表时，应考虑照明灯具和其他用电器具的总耗电量，电度表的额定电流应大于室内所有用电器具的总电流，电度表所能提供的电功率为额定电流和额定电压的乘积。

2）电度表的安装。单相电度表一般应安装在配电板的左边，而开关应安装在配电板的右边，与其他电器的距离大约为60mm。安装位置如图3-22所示。安装时应注意，电度表与地面必须垂直，否则将会影响电度表计数的准确性。

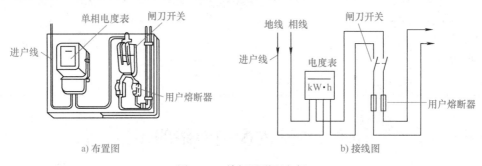

图3-22　单相照明配电板

3）电度表的接线。单相电度表的接线盒内有4个接线端子，自左向右用①、②、③、④编号。接线方法是①、③接进线，②、④接出线，如图3-23所示。有的电度表接线特殊，具体接线时应以电度表所附接线图为依据。

二、电源插座的安装工艺

电源插座是各种用电器具的供电点，一般不用开关控制，只串接熔断器或直接接入电源。单相插座分双孔和三孔，三相插座为四孔。照明电路上常用单相插座，使用时最好选用

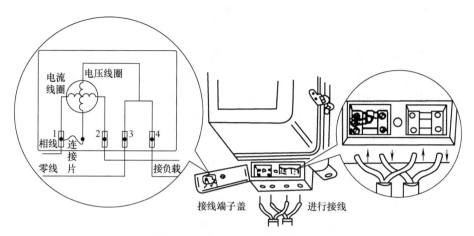

图 3-23 单相电度表的接线方法

扁孔的三孔插座，它带有保护接地，可避免发生用电事故。

明装插座的安装步骤和工艺与安装吊线盒大致相同。先安装圆木或木台，然后把插座安装在圆木或木台上。对于暗敷电路，需要使用暗装插座，暗装插座应安装在预埋墙内的插座盒中。插座的安装工艺要点及注意事项如下：

1）两孔插座在水平排列安装时，应零线接左孔，相线接右孔，即左零右火；垂直排列安装时，应零线接上孔，相线接下孔，即上零下火，如图 3-24a 所示。三孔插座安装时，下方两孔接电源线，零线接左孔，相线接右孔，上面大孔接保护接地线，如图 3-24b 所示。

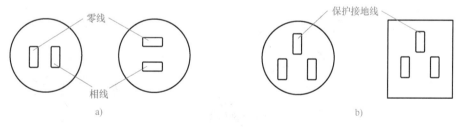

图 3-24 电源插座及接线

2）插座的安装高度，一般应与地面保持 1.4m 的垂直距离，特殊需要时可以低装，离地高度不得低于 0.15m，且应采用安全插座。但托儿所、幼儿园和小学等儿童集中的地方禁止低装。

3）在同一块木台上安装多个插座时，每个插座相应位置和插孔相位必须相同，接地孔的接地必须正规，相同电压和相同相数的插座，应选用统一的结构形式，不同电压或不同相数的插座，应选用有明显区别的结构形式，并标明电压。

三、室内布线的技术要求

室内布线不仅要使电能安全、可靠地传送，还要使电路布置正规、合理、整齐和牢固，其技术要求如下：

1）所用导线的额定电压应高于电路的工作电压，导线的绝缘应符合电路的安装方式和敷设环境的条件。导线的截面积应满足供电安全电流和机械强度的要求，一般的家用照明电路选用 $1.5mm^2$ 的铜芯绝缘导线为宜。

线管种类选择好后，还应考虑管子的内径与导线的直径、根数是否合适，一般要求管内导线的总面积（包括绝缘层）不应超过线管内截面积的 40%。为了便于穿线，当线管较长时，须装设拉线盒，在无弯头或有一个弯头时，管长不超过 50m；当有两个弯头时，管长不超过 40m；当有三个弯头时，管长不超过 20m，否则应选大一级的线管直径。

2）线管防锈与涂漆。为防止线管年久生锈，应对线管进行防锈处理。管内除锈可用圆形钢丝刷，两头各绑一根钢丝，穿入管内来回拉动，把管内铁锈清除干净。管子外壁可用钢丝刷或电动除锈机进行除锈。除锈后在管子的内外表面涂以防锈漆或沥青。对埋设在混凝土中的线管，其外表面不要涂漆，以免影响混凝土的结构强度。

3）锯管套丝与弯管。按所需线管的长度将线管锯断，为使管子与管子或接线盒之间连接起来，需在管子端部进行套丝。水煤气管套丝，可用管子绞扳。电线管和硬塑料管套丝，可用圆丝扳，如图 3-25 所示。套丝完后，应去除管口毛刺，使管口保持光滑，以免划破导线的绝缘层。

根据电路敷设的需要，在线管改变方向时，需将管子弯曲。为便于穿线，应尽量减少弯头。需弯管处，其弯曲角度一般要在 90° 以上，其弯曲半径，明装管应大于管子直径的 6 倍，暗装管应大于管子直径的 10 倍。

对于直径在 50mm 以下的电线管和水气管，可用手工弯管器弯管，方法如图 3-26 所示。对于直径在 50mm 以上的管子，可使用电动或液压弯管机弯管。塑料管的弯曲，可采用热弯法，直径在 50mm 以上时，应在管内添沙子进行热弯，以避免弯曲后管径粗细不匀或弯扁。

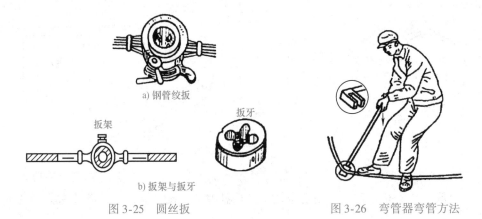

a) 钢管绞扳

扳牙

扳架

b) 扳架与扳牙

图 3-25　圆丝扳　　　　　　　图 3-26　弯管器弯管方法

4）布管与连接。管子加工好后，就可以按预定的电路布管。布管工作一般从配电箱开始，逐段布至各用电装置处，有时也可相反。无论从哪端开始，都应使整个电路连通。

① 固定管子。对于暗装管，如布在现场浇注的混凝土构件内，可用铁丝将管子绑扎在钢筋上，也可用垫块垫起、铁丝绑牢，用钉子将垫块固定在模板上；如布在砖墙内，一般是在土建砌砖时预埋，否则应先在砖墙上留槽或开槽；如布在地平面下，需在土建浇注混凝土前进行，用木桩或圆钢打入地中，并用铁丝将管子与其绑牢，如图 3-27 所示。

对于明装管，为使布管整齐美观，管路应沿建筑物水平或垂直方向敷设。当管子沿墙壁、柱子和屋架等处敷设时，可用管卡或管夹固定；当管子沿建筑物的金属构件敷设时，薄壁管应用支架、管卡等固定，厚壁管可用电焊直接点焊在钢构件上；当管子进入开关、灯头、插座等接线盒内和有弯头的地方时，也应用管卡固定，如图3-28所示。

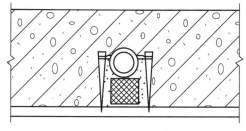

图3-27 线管在混凝土模板上的固定

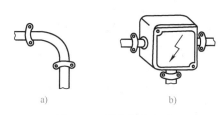

a) b)

图3-28 管卡固定方法

对于硬塑料管，由于其膨胀系数较大，因此沿建筑物表面敷设时，在直线部分每隔30m要装一个温度补偿盒。对于安装在支架上的硬塑料管，可以用改变其挠度来适应其长度的变化，所以可不装设温度补偿盒。硬塑料管的固定，也要用管卡，但对其间距有一定的要求。

② 管子连接。无论是明装管还是暗装管，钢管与钢管最好是采用管接头连接。特别是埋地和防爆线管，为了保证接口的严密性，应涂上铅油缠上麻丝，用管子钳拧紧。直径50mm以上的管子，可采用外加套管焊接。硬塑料管之间的连接，可采用插入法或套接法。插入法是在电炉上加热管子至柔软状态后扩口插入，并用黏结剂或塑焊密封；套接法是将同直径的塑料管加热扩大成套筒套在管子上，再用黏结剂或塑焊密封，如图3-29所示。线管与灯头盒或接线盒的连接方法，如图3-30所示。

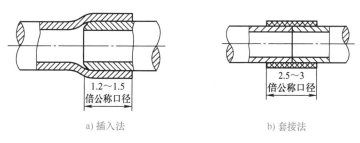

a) 插入法 b) 套接法

图3-29 硬塑料管的连接图

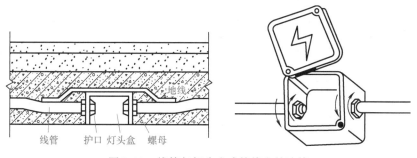

图3-30 线管与灯头盒或接线盒的连接

③ 管子接地。为了安全用电，钢管与钢管、配电箱、接线盒等连接处都应做好系统接地。在管路中有了接头，将影响整个管路的导电性能和接地的可靠性，因此在接头处应焊上跨接线，如图3-31所示。钢管与配电箱上，均应焊有专用的接地螺栓。

④ 装设补偿盒。当管子经过建筑物的伸缩缝时，为防止基础下沉不均，损坏管子和导线，须在伸缩缝的旁边装设补偿盒。暗装管补偿盒安装在伸缩缝的一边，明装管通常用软管补偿。

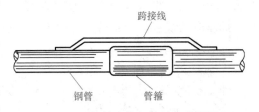

图 3-31　管箍连接钢管及跨接线图

5) 清管穿线。穿线就是将绝缘导线由配电箱穿到用电设备或由一个接线盒穿到另一个接线盒，一般在土建地平和粉刷工程结束后进行。为了不伤及导线，穿线前应先清扫管路，可将压缩空气吹入已布好的线管中，或用钢丝绑上碎布来回拉上几次，将管内杂物和水分清除。清扫管路后，随即向管内吹入滑石粉，以便于穿线。最后还要在管子端部安装上护线套，然后再进行穿线。

穿线时一般用钢丝引入导线，并使用放线架，以便导线不乱又不产生急弯。穿入管中的导线应平行成束进入，不能相互缠绕。为了便于检修换线，穿在管内的导线不允许有接头和绞缠现象。为使穿在管内的电路安全可靠地工作，不同电压和不同回路的导线，不应穿在同一根管内。

【任务实训】

实训 2　实训室照明电路的安装训练

一、实训过程

学校后勤管理处要求在电气工程院（系）××实训室进行照明电路安装，敷设电路的施工方式采用护套线明敷方式。工时为 5h，要求按照电工安全操作规程进行安装，并符合国家电工安装工艺标准。实训室照明电路原理图及系统图如图 3-32、图 3-33 所示。

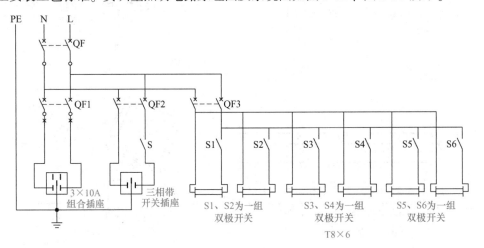

图 3-32　实训室照明电路原理图

1. 工作计划

1）**工艺流程**：弹线定位→线槽固定→线槽连接→槽内放线→导线连接→电路检查、绝缘摇测。

2）线槽配线在穿过楼板或墙壁时，应用保护管，而且穿楼板处必须用钢管保护，其保护高度距地面不应低于1.8m；装设开关的地方可引至开关的位置。

3）按设计图确定进户线、盒、箱等电气器具固定点的位置，从始端至终端（先干线后支线）找好水平或垂直线，用粉线袋在电路中心弹线，分均档，用笔画出加档位置后，再细查木砖是否齐全，位置是否正确，否则应及时补齐。然后在固定点位置进行钻孔，埋入塑料胀管或伞形螺栓。弹线时不应弄脏建筑物表面。

4）用一条红色的电线，连接楼下的那个开关的右触头（如果楼下的那个开关左边带插座，那么这条电线可以改用褐色或黑色的电线），检查电线是否相碰，如果没有相碰就盖上这个开关盒的外盖，把这条电线连接到卡口灯头的其中一个接线柱，再用一条蓝色的电线连接卡口灯头的另一端。

5）混凝土墙、砖墙可采用塑料胀管固定塑料线槽。根据胀管直径和长度选择钻头，在标出的固定点位置上钻孔，不应有歪斜、豁口，在垂直钻好孔后，应将孔内残存的杂物清干净，用木锤把塑料胀管垂直敲入孔中，并与建筑物表面平齐为准，再用石膏将缝隙填实抹平。用半圆头木螺钉加垫圈将线槽底板固定在塑料胀管上，紧贴建筑物表面。应先固定两端，再固定中间，同时找正线槽底板，要横平竖直，并沿建筑物形状表面进行敷设。

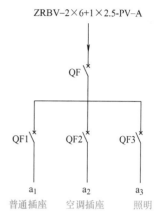

图 3-33　实训室照明电路系统图

2. 材料清单

实训室照明电路安装材料清单见表3-4。

表 3-4　实训室照明电路安装材料清单

序号	图　例	名　称	型　号　规　格	数量	做法及说明
1	▭	配电箱	PZ-30	1台	距地 1.4m
2	⊢—⊣	单管荧光灯	YG2-1 $\frac{1\times40}{}$ D	1盏	嵌入或吸顶安装
3	⊨	双管荧光灯	YG9-2 $\frac{2\times40}{}$ R	16盏	嵌入或吸顶安装
4	⊗	花吊灯	现场定	2盏	—
5	▭	矩形吸顶灯	D304-2 $\frac{2\times40}{}$ D	2盏	吸顶安装
6	□	方形吸顶灯	D304-1 $\frac{1\times60}{}$ D	2盏	吸顶安装
7	⌐	一位单控灯开关	86K11-6	3只	距地 1.3m
8	⌐	二位单控灯开关	86K12-10	3只	距地 1.3m
9	⌐	四位单控灯开关	146K41-10	1只	距地 1.3m

（续）

序号	图 例	名 称	型 号 规 格	数量	做法及说明
10	⟋	一位双控灯开关	86K21 – 6	2 只	距地 1.3m
11	⏚	单相二、三极五孔插座	AP86Z223 – 10	16 只	距地 0.3m
12	⏚	单相三极带熔丝插座	86Z13R – 10	2 只	距地 2.6m
13	⏚	三相四极插座	AP86Z14 – 16	3 只	距地 0.3m
14	⊗	墙上灯座		1 只	距地 2.4m
15	—	单相两线照明电路	BVR(2 × 2.5) PVC15 – A	—	标注者除外
16	—	单相三线空调电路	BVR(3 × 2.5) PVC15 – A	—	标注者除外
17	—	三相四线空调电路	BVH(3 × 4 + 1 × 2.5) G20 – A	—	标注者除外

友情提醒：手持电动工具的安全要求如下：

1）手持电动工具应采用双重绝缘或加强绝缘结构的Ⅱ、Ⅲ类工具，电缆软线及插头等完好无损，开关动作正常，保护接零连接正确、牢固可靠。

2）非金属壳体的电动机、电器，存放和使用时不应受压、受潮，不得接触汽油等溶剂。

3）手持电动工具所用电源必须装有剩余电流断路器（漏电保护器）。

电气施工的每一个环节都要有规范的安全条例，电力施工中的各种事故，绝大多数不是由于施工者的技能水平低造成的。要在员工中进行安全宣传，提高员工的自我防护意识，加强手持电动工具的管理，工作时要严格按照《电业安全工作规程》的有关规定进行电气施工。

二、实训评定

通过施工项目的验收来评定学生任务实施的成效，并能及时给予学生相关的指导。经教师的验收和指导，学生可以进一步完善任务的施工。

要求学生能够正确填写任务验收单，能根据要求，进行相关验收工作，能与之进行有效的沟通，按时交付验收。首先利用万用表自检，如果有错误，可以直接修改，最后交由教师验收。

任务验收单见表3-2。任务评定表见表3-3。

【知识拓展】

绿 色 照 明

绿色照明是美国国家环保局于20世纪90年代初提出的概念。完整的绿色照明内涵包含高效节能、环保、安全、舒适4项指标。高效节能意味着以消耗较少的电能获得足够的照明，从而明显减少电厂大气污染物的排放，达到环保的目的。安全、舒适指的是光照清晰、柔和及不产生紫外线、眩光等有害光照，不产生光污染。

绿色照明是指通过科学的照明设计，采用效率高、寿命长、安全和性能稳定的照明电器产品（电光源、灯用电器附件、灯具、配线器材，以及调光控制器和控光器件），改善提高人们工作、学习、生活的条件和质量，从而创造一个高效、舒适、安全、经济、有益的环境，并充分体现现代文明的照明。

1991 年 1 月，美国国家环保局（EPA）首先提出实施"绿色照明"和推进"绿色照明工程"的概念，很快得到联合国的支持以及许多国家的重视，并积极采取相应的政策和技术措施，推进绿色照明工程的实施和发展。1993 年 11 月，我国国家经贸委开始启动中国绿色照明工程，并于 1996 年正式列入国家计划。

"绿色照明"是 90 年代初国际上对采用节约电能、保护环境照明系统的形象性说法。现阶段，照明的质量和水平已成为衡量社会现代化程度的一个重要标志。我国电力工业发展速度很快，但是电力供应不足和用电效率低的状况依然比较严峻。据统计，我国照明用电已占全国电力消费总量的 12% 以上，并以平均每年 15% 的速度递增。以 2007 年国内城市道路照明为例，如果我国城市道路照明光源的 1/3 更换为高效节能的照明产品，其节约的用电量相当于一个三峡水电站的发电量。因此，绿色照明的"绿"主要体现在能够大幅度节约照明用电，减少环境污染，促进以提高照明质量、节能降耗、保护环境为目的的照明电器新型产业的发展。

作为典型的绿色光源，LVD 无极灯没有传统光源的灯丝和电极，主要由高频发生器、功率耦合器和玻璃泡壳三部分组成，常见 LVD 无极灯如图 3-34 所示。

图 3-34　LVD 无极灯

【拓展训练】

拓展训练一：楼梯双控灯控制电路的维修

训练意图：学生安装错误时，能够学会自己检查错误，学会独立地进行电路故障的排除。

教师活动：以学生安装过程中的错误实例为案例进行分析和讲授，帮助学生掌握故障检修的一般方法。

学生活动：根据教师的讲授，进行电路的故障检修及排除，学会独立操作。

拓展训练二：实训主题黑板报

以楼梯双控灯的安装为主题，将一些知、技、能的要点以黑板报的形式展示出来。同时各小组也可以将自己在安装过程中的经验与技巧，拿出来与大家分享，融入到黑板报的内容当中去。

创意DIY

自制 LED 小夜灯

小夜灯灯光柔和，在晚上睡觉的时候，起到指引照明的作用。小夜灯加入香熏精油即成为香熏灯；加入驱蚊精油或驱蚊液可成为环保驱蚊灯，能达到无毒驱蚊的效果，特别适合婴童居室；加入食醋则可达到消毒杀菌、净化空气的功效。

步骤1：元器件准备。

1）贴片 LED 如图 3-35 所示，用硬币对比下，非常小。

2）电感线圈如图 3-36 所示。

图 3-35　贴片 LED

图 3-36　电感线圈

3）USB 公头如图 3-37 所示。

步骤2：截取铜线拧成麻花状，这都是漆包线不用担心短路。拧成麻花状后，刮掉一头的绝缘漆上点锡，容易焊接，如图 3-38 所示。

图 3-37　USB 公头

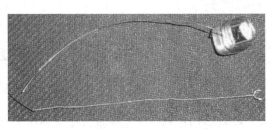

图 3-38　拧铜线

　　步骤3：贴片电阻由于太小，焊接起来比较麻烦，应焊接好贴片电阻后，将其并联。因为要直接插在 USB 接口上，并联后还要再串接一个电阻，如图 3-39 所示。

　　步骤4：焊接 USB 头，如图 3-40 所示。

图 3-39　串电阻

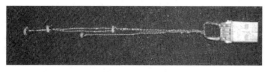

图 3-40　焊接 USB 头

　　步骤5：装上外壳通电测试，通电效果如图 3-41 所示。

　　步骤6：最后，配上一个漂亮的灯罩，LED 小夜灯就制作完成了，如图 3-42 所示。

图 3-41　通电效果

图 3-42　LED 小夜灯

项目4　三相笼型异步电动机的拆装

　　三相笼型异步电动机的维护与保养主要是针对电动机的保护，电动机生产维护检修工作中，电动机的故障在正确的操作与维护中是可以有效避免的。电动机作为生产装置的核心动力，它的正常工作与否，直接关系到生产装置的安全稳定运行，为了确保生产装置的正常运行，保证生产效率，我们需要掌握电动机的维护和检修方法。正确合理地使用、维护电动机，可以延长其使用寿命。维修电工需要积极地在日常工作中实践，从而保证生产装置安、稳、长、优运行。三相笼型异步电动机教学模型如图4-1所示。

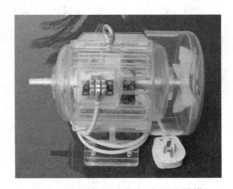

图4-1　三相笼型异步电动机教学模型

【项目实施】

任务　三相笼型异步电动机的拆卸和安装

任务目标

　　1）了解三相交流电的相关基本知识。

　　2）了解三相笼型异步电动机的结构。

　　3）掌握三相笼型异步电动机的工作原理。

4）掌握三相笼型异步电动机的拆装方法。

情景描述

学校车工实训车间的 1 号风机突然发出刺耳的啸叫声，经维修电工组长检查后，初步判断为风机的三相笼型电动机出现故障，估计是因轴承磨损引起转子偏心，旋转中触碰到定子而发出噪声的。实训车间负责人安排你对此电动机进行拆卸、检修、安装、维护并交付使用。

【任务准备】

一、三相交流电

1. 三相交流电动势的产生

三相交流电是由三相交流发电机产生的。在三相交流发电机中，有三个相同的绕组，三个绕组的始端分别用 U_1、V_1、W_1 表示，末端分别用 U_2、V_2、W_2 来表示。U_1U_2、V_1V_2、W_1W_2 三个绕组分别称为 U 相、V 相、W 相绕组。由于发电机结构的原因，这三相绕组所发出的三相电动势幅值相等、频率相同、相位互差120°。这样的三相电动势称为对称的三相电动势，可以表示为

$$e_U = E_m \sin\omega t$$
$$e_V = E_m \sin(\omega t - 120°)$$
$$e_W = E_m \sin(\omega t - 240°) = E_m \sin(\omega t + 120°)$$

它们的波形图及相量图如图 4-2 所示。

三相交流电在相位上的先后次序称为相序。e_U 比 e_V 超前 120°，e_V 比 e_W 超前 120°，而 e_W 又比 e_U 超前 120°，其相序为 U→V→W，称这种相序称为正相序或顺相序；反之，如果 e_U 比 e_W 超前 120°，e_W 比 e_V 超前 120°，e_V 比 e_U 超前 120°，其相序为 W→V→U，称这种相序为负相序或逆相序。

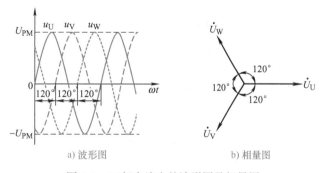

a) 波形图　　b) 相量图

图 4-2　三相交流电的波形图及相量图

相序是一个十分重要的概念，为使电力系统能够安全可靠地运行，通常统一规定技术标准，一般在配电盘上用黄色标出 U 相、用绿色标出 V 相、用红色标出 W 相。

2. 三相电源的连接

三相电源有星形（丫）联结和三角形（△）联结两种。

（1）三相电源的星形（丫）联结　将三相发电机三相绕组的末端 U_2、V_2、W_2（相尾）连接在一点，记作 N，即中性点；始端 U_1、V_1、W_1（相头）分别与负载相连，这种连接方

法称为星形（丫）联结，如图4-3所示。

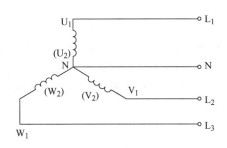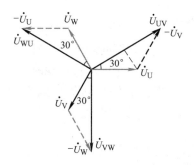

图4-3　三相电源的星形（丫）联结

从三相电源三个相头 U_1、V_1、W_1 引出的三根导线称为端线或相线，俗称火线，分别记作 L_1、L_2、L_3；从中性点 N 引出的导线称为中性线或零线（N 线）。由三根相线和一根中性线组成的配电方式称为三相四线制。

三相四线制供电系统可输送两种电压：一种是相线与中性线之间的电压，称为相电压，用 U_U、U_V、U_W 表示；另一种是相线与相线之间的电压，称为线电压，用 U_{UV}、U_{VW}、U_{WU} 表示，如图4-4所示。

通常规定各相电动势的参考方向为从绕组的末端指向始端，相电压的参考方向为从始端指向末端（从相线指向中性线）；线电压的参考方向，例如 U_{UV}，则是从 U 端指向 V 端。各线电压与相电压之间的关系为

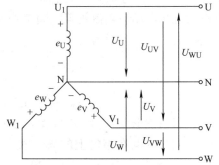

$$\dot{U}_{UV} = \dot{U}_U - \dot{U}_V$$

$$\dot{U}_{VW} = \dot{U}_V - \dot{U}_W$$

$$\dot{U}_{WU} = \dot{U}_W - \dot{U}_U$$

图4-4　三相四线制的相电压与线电压

由相量图可知，线电压也是对称的，在相位上比相应的相电压超前30°。线电压的有效值用 U_L 表示，相电压的有效值用 U_P 表示，可知它们的关系为

$$U_L = \sqrt{3}\, U_P$$

一般低压供电系统的线电压是380V，它的相电压是 $380V/\sqrt{3} \approx 220V$。可根据额定电压决定负载的接法：若负载额定电压是 380V，就接在两条相线之间；若负载额定电压是220V，就接在相线和中性线之间。必须注意：不加说明的三相电源和三相负载的额定电压都是指线电压。

（2）三相电源的三角形（△）联结　将三相发电机的第二绕组始端 V_1 与第一绕组的末端 U_2 相连、第三绕组始端 W_1 与第二绕组的末端 V_2 相连、第一绕组始端 U_1 与第三绕组的末端 W_2 相连，并从三个始端 U_1、V_1、W_1 引出三根相线分别与负载相连，这种连接方法称为三角形（△）联结。显然这时线电压等于相电压，即 $U_L = U_P$。

这种没有中性线、只有三根相线的输电方式称为三相三线制。

特别需要注意的是：在工业用电系统中如果只引出三根导线（三相三线制），那么就都

是相线（没有中性线），这时所说的三相电压大小均指线电压 U_L；而民用电源则需要引出中性线，所说的电压值均指相电压 U_P。

二、三相笼型异步电动机的结构

异步电动机由定子和转子两个基本部分组成。定子是固定部分，转子是转动部分。为了使转子能够在定子中自由转动，定子、转子之间有 $0.2 \sim 2mm$ 的空气隙。图 4-5 是笼型异步电动机拆开后各个部件的形状。

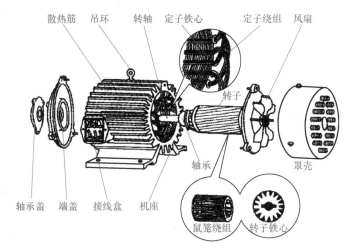

图 4-5　笼型异步电动机的各部件

1. 定子

定子主要用来产生旋转磁场，它由定子铁心、机壳、定子绕组等组成。

（1）定子铁心　定子铁心是磁路的一部分，为了降低铁心损耗，采用 $0.35 \sim 0.5mm$ 厚的硅钢片（见图 4-6）叠压而成，硅钢片间彼此绝缘。铁心内圆周上分布有若干均匀的平行槽，用来嵌放定子绕组，如图 4-7 所示。

图 4-6　定子的硅钢片

图 4-7　装有三相绕组的定子

（2）机壳　机壳包括端盖和机座，其作用是支撑定子铁心和固定整个电动机。中小型电动机机座一般采用铸铁或合金铝铸造，大型电动机机座用钢板焊接而成。端盖多用铸铁铸成，用螺栓固定在机座两端。

（3）定子绕组　定子绕组是电动机定子的电路部分，用绝缘铜线或铝线绕制而成。三相绕组对称地嵌放在定子槽内。三相异步电动机定子绕组的三个首端 U_1、V_1、W_1 和三个末

端 U_2、V_2、W_2，都从机座上的接线盒中引出，如图 4-8 所示。图 4-8a 为定子绕组的星形联结；图 4-8b 为定子绕组的三角形联结。三相绕组具体应该采用何种接法，应视电力网的线电压和各相绕组的工作电压而定。目前我国生产的三相异步电动机，功率在 4kW 及以下者一般采用星形联结，在 4kW 及以上者采用三角形联结。

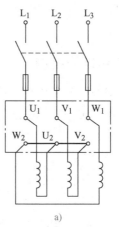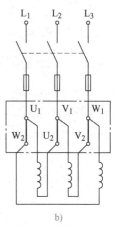

图 4-8　三相定子绕组的接法

2. 转子

转子主要用来产生旋转转矩，拖动生产机械旋转。转子由转轴、转子铁心、转子绕组构成。

（1）转轴　转轴用来固定转子铁心和传递功率，一般用中碳钢制成。

（2）转子铁心　转子铁心也属于磁路的一部分，也用 0.35~0.5mm 的硅钢片叠压而成（见图 4-9）。转子铁心固定在转轴上，其外圆均匀分布的槽是用来放置转子绕组的。

（3）转子绕组　三相异步电动机的转子绕组分为笼型和绕线式两种。

1）笼型转子绕组。笼型转子绕组是由安放在转子铁心槽内的裸导体和两端的短路环连接而成的。转子绕组就像一个鼠笼形状（见图 4-10），所以称其为笼型转子绕组。

图 4-9　转子的硅钢片

目前，100kW 以下的笼型电动机一般采用铸铝绕组。这种转子是将熔化了的铝液直接浇注在转子槽内，并连同两端的短路环和风扇叶浇注在一起，该转子也称为铸铝转子，如图 4-11 所示。

图 4-10　笼型转子绕组

图 4-11　铸铝转子

2）绕线式转子绕组。绕线式转子绕组与定子绕组相似，也为三相对称绕组，嵌放在转子槽内。三相转子绕组通常连接成星形，即三个末端连在一起，三个首端分别与转轴上的三个集电环（集电环与轴绝缘且集电环间相互绝缘）相连，通过集电环和电刷接到外部的变阻器上（见图 4-12），以便改善电动机的起动和调速性能。具有绕线式转子的异步电动机称为绕线转子异步电动机。在起动时，为改善起动性能，使转子绕组与外部变阻器相连；而在正常运转时，将外部变阻器调到零位或直接使三首端短接。绕线转子异步电动机由于结构复杂、价格较贵，仅适用于要求有较小起动电流、较大起动转矩及有调速要求的场合。而笼型异步电动机由于结构简单、价格低廉、性能可靠及使用维护方便，在生产实际中应用很广泛。

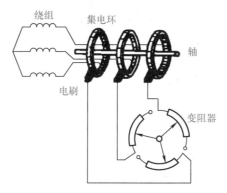

图 4-12　绕线转子绕组与外接变阻器的连接

三、三相笼型异步电动机的工作原理

当电动机的定子绕组通以三相交流电时，便在定转子气隙中产生旋转磁场。设旋转磁场以 n_1 的速度顺时针旋转，则静止的转子绕组同旋转磁场就有了相对运动，从而在转子导体中产生了感应电动势，其方向可根据右手定则判断（假定磁场不动，导体以相反的方向切割磁力线）。如图 4-13 所示，可以确定出上半部导体的感应电动势垂直于纸面向外，下半部导体的感应电动势垂直于纸面向里。由于转子电路为闭合电路，在感应电动势的作用下，产生了感应电流。由于载流导体在磁场中要受到力的作用，因此，可以用左手定则确定转子导体所受电磁力的方向，如图 4-13 所示。这些电磁力对转轴形成电磁转矩，其作用方向同旋转磁场的旋转方向一致。这样，转子便以一定的速度沿旋转磁场的旋转方向转动起来。

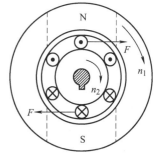

图 4-13　工作原理

从上面的分析可以知道，异步电动机电磁转矩的产生必须具备下列条件：

1）气隙中有旋转磁场。

2）转子导体中有感应电流。在三相对称的定子绕组中通以三相对称的电流就能产生旋转磁场，而闭合的转子绕组在感应电动势的作用下能够形成感应电流，从而产生相应的电磁转矩。

如果旋转磁场反转，则转子的旋转方向也随之改变。

电动机不带机械负载的状态称为空载。这时负载转矩是由轴与轴承之间的摩擦力及风阻力等造成的，称为空载转矩，其值很小。这时电动机的电磁转矩也很小，但其转速 n_0（称为空载转速）很高，接近于同步转速。异步电动机的工作原理与变压器有许多相似之处，如两者都是依靠工作磁通为媒介来传递能量的；异步电动机每相定子绕组的感应电动势 E_1 也近似与外加电源电压 U_1 平衡。

当异步电动机的负载增大时，转子电流增大，在外加电压不变时，定子绕组电流也增大，从而抵消转子磁通势对旋转磁通的影响。可见，同变压器类似，定子绕组电流是由转子电流来决定的。

当然，异步电动机与变压器也有许多不同之处。如变压器是静止的，而异步电动机是旋转的；异步电动机的负载是机械负载，输出为机械功率，而变压器的负载为电负载，输出的是电功率；此外，异步电动机的定子与转子之间有空气隙，所以它的空载电流较大（约为额定电流的20%~40%）；异步电动机的定子电流频率与转子电流频率是不同的。

四、三相异步电动机的连接方法

三相异步电动机三相绕组的连接方法：星形联结和三角形联结。

1. 星形联结

电动机的星形联结是将电动机各相绕组的一端都接在一个公共点上，而另一端作为引出线，分别为三个相线。星形联结时，线电压是相电压的$\sqrt{3}$倍，而线电流等于相电流。

2. 三角形联结

电动机的三角形联结是将电动机各相绕组首尾依次相连，并将每个相连的点引出，作为三相电的三个相线。三角形联结时电动机相电压等于线电压，线电流等于$\sqrt{3}$倍的相电流。

【任务实训】

实训1　三相笼型异步电动机的拆卸

一、实训过程

1. 拆卸前的准备

1）切断电源，拆开电动机与电源连接线，并做好与电源线相对应的标记，以免恢复时搞错相序，把电源线的线头做绝缘处理。

2）备齐拆卸工具，特别是拉具、套筒等专用工具。

3）熟悉被拆电动机的结构特点及拆装要领。

4）测量并记录联轴器或带轮与轴台间的距离。

5）标记电源线在接线盒中的相序、电动机的出轴方向及引出线在机座上的出口方向。

2. 拆卸步骤

如图4-14所示，拆卸步骤为：

1）卸带轮或联轴器，拆电动机尾部风扇罩。

2）卸下风扇定位键或螺钉后，拆下风扇。

3）旋下前后端盖紧固螺钉，并拆下前轴承外盖。

4）用木板垫在转轴前端，将转子连同后端盖一起用锤子从止口（电动机的端盖与机壳之间就是止口）中敲出。

5）抽出转子。

6）将方木伸进定子铁心顶住前端盖，用锤子敲击方木卸下前端盖，再拆卸前后轴承及轴承内盖。

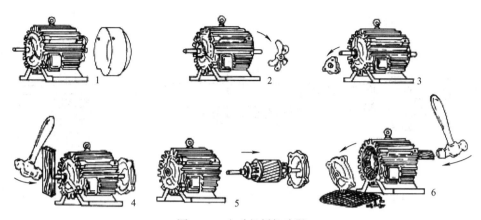

图 4-14　电动机拆卸步骤

3. 主要部件的拆卸方法

（1）带轮（或联轴器）的拆卸　先在带轮（或联轴器）的轴伸端（联轴端）做好尺寸标记，然后旋松带轮上的固定螺钉或敲去定位销，给带轮（或联轴器）的内孔和转轴结合处加入煤油，稍等渗透后，使锈蚀的部分松动，再用拉具将带轮（或联轴器）缓慢拉出，如图 4-15 所示。若拉不出，可用喷灯等急火在带轮外侧轴套四周加热，加热时需用石棉或湿布把轴包好，并向轴上不断浇冷水，以免使其随同外套膨胀，影响带轮的拉出。注意：加热温度不能过高，时间不能过长，以防变形。

（2）轴承的拆卸　轴承的拆卸可采取以下三种方法：

1）用拉具进行拆卸。拆卸时拉具钩爪一定要抓牢轴承内圈，以免损坏轴承，如图 4-16 所示。

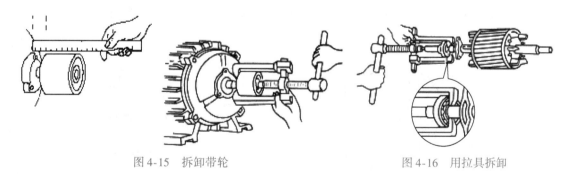

图 4-15　拆卸带轮　　　　　　　　　　图 4-16　用拉具拆卸

2）用铜棒拆卸。将铜棒对准轴承内圈，用锤子敲打铜棒，如图 4-17a 所示。用此方法时要注意轮流敲打轴承内圈的相对两侧，不可敲打一边，用力也不要过猛，直到把轴承敲出为止。

在拆卸端盖内孔轴承时，可采用图 4-17b 所示的方法，将端盖止口面向上平稳放置，在轴承外圈的下面垫上木板，但不能顶住轴承，然后用一根直径略小于轴承外圆直径的铜棒或其他金属管抵住轴承外圈，从上往下用锤子敲打，使轴承从下方脱出。

3）铁板夹住拆卸。用两块厚铁板夹住轴承内圈，铁板的两端用可靠支撑物架起，使转子悬空，如图 4-18 所示，然后在轴上端面垫上厚木板并用锤子敲打，使轴承脱出。

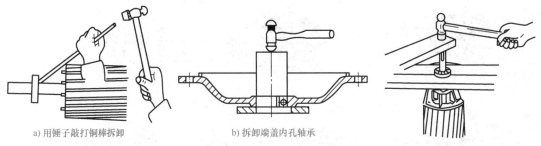

a) 用锤子敲打铜棒拆卸   b) 拆卸端盖内孔轴承

图 4-17 用铜棒拆卸   图 4-18 铁板夹住拆卸轴承

在抽出转子之前，应在转子下面气隙和绕组端部垫上厚纸板，以免抽出转子时碰伤铁心和绕组。

对于小型电动机的转子，可直接用手取出，一只手握住转轴，把转子拉出一些，随后另一只手托住转子铁心渐渐往外移，如图 4-19 所示。

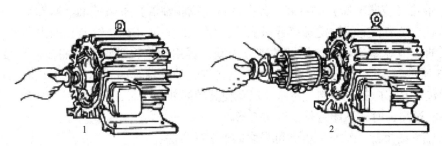

图 4-19 小型电动机转子的拆卸

在拆卸较大的电动机时，可两人一起操作，每人抬住转轴的一端，渐渐地把转子往外移，若铁心较长，有一端不好用力时，可在轴上套一节金属管，当作假轴，方便用力，如图 4-20 所示。

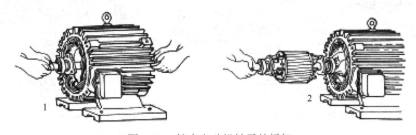

图 4-20 较大电动机转子的拆卸

二、实训评定

评价结论以"很满意、比较满意、一般、有待提高"等这种性质评价为好，因为它能更有效地帮助和促进学生的发展。小组成员互评，在你认为合适的地方打√，小组评价、教师评价考核采用 A、B、C、D 分级。

最后将综合评定成绩计入本次任务的最终成绩。教师引导学生将这次任务中遇到的问题进行及时的解决及修正，并将任务中获得的经验进行及时的整理和记录。

实训评价表见表4-1。

表4-1 三相笼型异步电动机的拆卸实训评价表

班级			姓名		学号		权重	评价
知识策略	知识吸收	能设法记住要学习的内容，运用已学知识解决问题					3%	
		采用多种方式，从网络、技术手册等收集到很多有效信息					3%	
	知识构建	自觉寻求不同工作任务之间的内在联系					3%	
	知识应用	将学习到的内容应用到解决实际问题中，转化为生产力					3%	
工作策略	兴趣取向	对课程本身感兴趣，熟悉自己的工作岗位，认同工作价值					3%	
	成就取向	学习的目的是获得很高的成绩					3%	
	批判性思考	谈到或听到一个推论或结论时，会考虑到其他可能的答案					3%	
管理策略	自我管理	若不能很好地理解学习内容，会设法找到该任务相关的其他资讯					3%	
	过程管理	正确回答材料和教师提出的问题					3%	
		能根据提供的材料、工作页和教师指导进行有效学习					3%	
		针对工作任务，能反复查找资料、反复研讨，编制有效工作计划					3%	
		工作过程中，留有研讨记录					3%	
		团队合作中，主动承担完成任务					3%	
	时间管理	有效组织学习时间和按时按质完成工作任务					3%	
	结果管理	在学习过程中有满足、成功与喜悦等体验，对后续学习更有信心					3%	
		根据研讨内容，对讨论知识、步骤、方法进行合理的修改和应用					3%	
		课后能积极有效地进行自我反思，总结学习过程中的得失					3%	
		规范撰写工作小结，能进行经验交流与工作反馈					3%	
过程状态	交往状态	与教师、同学之间交流语言得体，彬彬有礼					3%	
		与教师、同学之间保持多向、丰富、适宜的信息交流和合作					3%	
	思维状态	学生能用自己的语言有条理地去解释、表述所学知识					3%	
		学生善于多角度思考问题，能主动提出有价值的问题					3%	
	情绪状态	能自我调控好学习情绪，能随着教学进程或解决问题的全过程而产生不同的情绪变化					3%	
	生成状态	学生能总结当堂学习心得，或提出深层次的问题					3%	
	组内合作过程	分工及任务目标明确，并能积极组织或参与小组工作					3%	
		积极参与小组讨论并能充分地表达自己的思想或意见					3%	
	组间总结过程	能采取多种形式，展示本小组的工作成果，并进行交流反馈					3%	
		对其他组学所提出的疑问能做出积极有效的解释					3%	
		认真听取其他组的汇报发言，并能大胆地质疑或提出不同意见或更深层次的问题					3%	
	工作总结	规范撰写工作总结					3%	
自评	综合评价	学生根据实训实际情况进行自我评价					5%	
互评	综合评价	小组成员之间进行互相评价					5%	
总评等级								
建议					评定人：（签名） 年 月 日			

注：等级评定 A：很满意 B：比较满意 C：一般 D：有待提高

实训 2　三相笼型异步电动机的安装

一、实训过程

故障排除后，需要将电动机重新正确安装，恢复电动机的功能。

1. 装配前的准备

备齐装配工具，将可洗的各零部件用汽油冲洗，并用棉布擦拭干净；彻底清扫定子、转子内部表面的尘垢；检查槽楔、绑扎带等是否松动，有无高出定子铁心内表面的地方，对发现的问题做好相应处理。

2. 装配步骤

按拆卸时的逆顺序进行，并注意将各部件按拆卸时所做的标记复位。

3. 主要部件的装配方法

（1）轴承的装配　分冷套法和热套法。

冷套法是先将轴颈部分揩擦干净，把清洗好的轴承套在轴上，用一段钢管，其内径略大于轴颈直径，外径又略小于轴承内圈的外径，套入轴颈，再用手锤敲打钢管端头，将轴承敲进。也可用硬质木棒或金属棒顶住轴承内圈敲打，为避免轴承歪扭，应在轴承内圈的圆周上均匀敲打，使轴承均衡地行进，如图 4-21 所示。

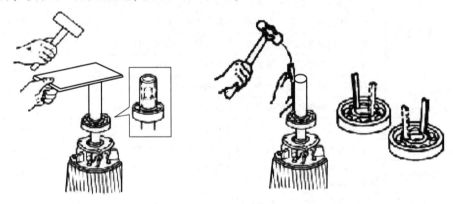

图 4-21　冷套法安装轴承

热套法是将轴承放入 80～100℃变压器油中加热 30～40min 后，趁热取出迅速套入轴颈中，如图 4-22 所示。注意：安装轴承时，标号必须向外，以便下次更换时查对轴承型号。

另外，在安装好的轴承中要按轴承室总容量的 1/3～2/3 容积加注润滑油，转速高的按小值加注，转速低的按大值加注。轴承如损坏应立即更换，如轴承磨损严重，外圈与内圈间隙过大，造成轴承过度松动，转子下垂并摩擦铁心，轴承滚动体破碎或滚动体与滚槽有斑痕出现，保持架有斑痕或被磨坏等，都应更换新轴承。更换的轴承应与损坏的轴承型号相符。

（2）轴承的识别及选用　当损坏的轴承型号无法识别，看不懂轴承型号及代号的意义时，都会给更换带来一定的困难。学会识别轴承型号及代号，对选用轴承是十分必要的。

电动机的轴承一般分为滚动轴承和滑动轴承两类。滚动轴承装配结构简单，维修方便，主要用于中、小型电动机；滑动轴承多用于大型电动机。

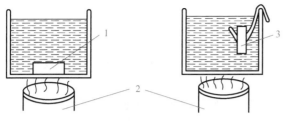 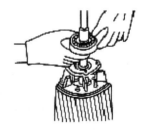

a) 用油加热轴承　　　　　　　　　　　　　b) 热套轴承

图 4-22　热套法安装轴承

1—轴承不能放在槽底　2—火炉　3—轴承应吊在槽中

（3）轴承润滑脂的识别及选择　滚动轴承润滑脂选择时，主要考虑轴承的运转条件，如使用环境（潮湿或干燥）、工作温度和电动机转速等。当环境温度较高时，应使用耐水性强的润滑脂；当转速较高时，应选用锥入度较大（稠度较稀）的润滑脂，以免高速时润滑脂内产生很大的摩擦损耗，使轴承温升增高和电动机效率降低。负载较大时，应选择锥入度较小的润滑脂。

（4）后端盖的装配　将轴伸端朝下垂直放置，在其端面上垫上木板，后端盖套在后轴承上，用木锤敲打，如图 4-23 所示。把后端盖敲进去后，装轴承外盖。紧固内外轴承盖的螺栓时注意要对称地逐步拧紧，不能先拧紧一个，再拧紧另一个。

（5）前端盖的装配　将前轴承内盖与前轴承按规定加够润滑油后，一起套入转轴，然后，在前内轴承盖的螺孔与前端盖对应的两个对称孔中穿入铜丝拉住内盖，待前端盖固定就位后，再将铜丝穿入前外轴承盖，拉紧对齐。接着先给未穿铜丝的孔中拧入螺栓，带上丝扣后，抽出铜丝，最后给这两个螺孔拧入螺栓，依次对称逐步拧紧。也可用一个比轴承盖螺栓更长的无头螺钉（吊紧螺钉），先拧进前内轴承盖，再将前端盖和前外轴承盖相应的孔套在这个无头长螺钉上，使内外轴承盖和端盖的对应孔始终拉紧对齐。待端盖到位后，先拧紧其余两个轴承盖螺栓，再用第三个轴承盖螺栓换下开始时用以定位的无头长螺钉（吊紧螺钉）。

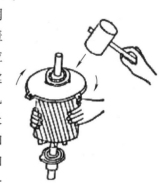

图 4-23　后端盖的装配

4. 电动机试车前的检查

（1）机械部分检查与处理　检查定子、转子的铁心有否拖底的痕迹，用清洗剂将轴承清洗干净（严禁用汽油），检查轴承是否有松动和损伤。如果轴承有过度磨损或使铁心出现拖底现象时，应更换轴承，若正常时，清洁轴承后，可加上润滑油进行装配。

（2）电气部分检查与处理　检查线圈的漆皮是否脱落、损伤和变色，扎线是否松脱，引出线套管是否霉烂，用绝缘电阻表测量相间和相对地的绝缘电阻应达到最低合格值。

（3）空载试车各项要求　在试车前先用绝缘电阻表检查电动机的绝缘电阻合格，检查各螺钉是否旋紧，引出线标记是否正确，转子转动是否灵活，电动机外壳应有良好的保护接地（或接零）的安全措施。一切正常时才能进行通电试车。

二、实训评定

评价结论以"很满意、比较满意、一般、有待提高"等这种性质评价为好，因为它能更有效地帮助和促进学生的发展。小组成员互评，在你认为合适的地方打√，小组评价、教师评价考核采用 A、B、C、D 分级。

最后将综合评定成绩计入本次任务的最终成绩。教师引导学生将这次任务中遇到的问题进行及时的解决及修正，并将任务中获得的经验进行及时的整理和记录。

实训评价表见表4-1。

【知识拓展】

尼古拉·特斯拉

尼古拉·特斯拉（Nikola Tesla），塞尔维亚裔美籍发明家、机械工程师、电气工程师，如图4-24所示。他被认为是电力商业化的重要推动者之一，并因主持设计了现代交流电系统而广为人知。在迈克尔·法拉第发现的电磁场理论的基础上，特斯拉在电磁场领域有多项革命性的发明。他的多项相关专利以及电磁学的理论研究工作是现代的无线通信和无线电的基石。

1886年特斯拉成立了自己的公司，公司负责安装特斯拉设计的弧光照明系统，并且设计了发电机的电力系统整流器，该设计是特斯拉取得的第一个专利。1891年特斯拉取得了特斯拉线圈的专利。1892年到1894年之间，特斯拉担任美国电力工程师协会（IEEE 的前身）的副主席。1893年，西屋电气公司竞拍到在芝加哥举行的哥伦比亚博览会上用交流电照明的工程，这是交流电发展史上的一件大事。西屋公司和特斯拉希望借此机会向美国民众展示交流电的可靠性和安全性。

在赢得著名的19世纪80年代的"电流之战"及在1894年成功进行短波无线通信试验之后，特斯拉被认为是当时美国最伟大的电气工程师之一。他的许多发现被

图4-24　尼古拉·特斯拉

认为是具有开创性的，是电机工程学的先驱。1891年，特斯拉在成功试验了把电力以无线能量传输的形式送到了目标用电器之后，致力于商业化的洲际电力无线输送，并且以此为设想建造了沃登克里弗塔。

尼古拉·特斯拉被他的敌人称作疯子，被钦服他的人称为天才，被世人公认为一个谜。而毫无疑问，他是一位开拓性的发明家，创造了一系列令人惊叹，甚至是让世界改头换面的装置。

【拓展训练】

电动机的接线训练

电动机安装完毕以后，需要对电动机进行接线，请分别采用星形联结和三角形联结进行

接线。

每个小组（2~3人）在三相笼型异步电动机接线完成验收合格后，在组长的带领下做PPT来展示他们的实习成果。每个小组指派一名学生结合PPT对他们的实习成果进行展示和讲解。

各小组能够很好地完成自评与互评工作。自评与互评完毕后，能够很好地对该任务的完成进行总结。最后，希望能在总结的基础上，对设计成果进行改进与完善。

 创意DIY

自制直流电动机

步骤1：用铁片弯成图4-25所示的底座和支架，底座上打孔，固定支架备用，如图4-25所示。

步骤2：在底座上安装支架、电刷和小铁棒做的轴。绕铜线，转子118圈，定子210圈，如图4-26所示。

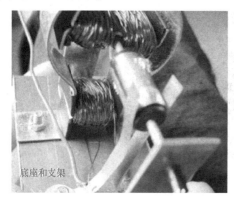
图4-25 底座和支架

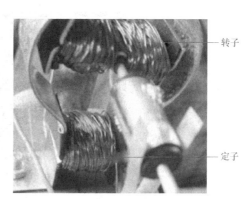
图4-26 定子与转子

步骤3：转轴上裹点胶带，把两个圆柱形的铜片粘在上面，铜片距离约1mm，转子两边分别绕118圈铜线（外层绝缘），然后两头分别焊接在铜片上，如图4-27所示。

步骤4：两个电刷压在铜片上，如图4-28所示。

图4-27 绕铜线

图4-28 压电刷

步骤5：定子铜线两头分别焊接在电刷上，同时在焊接的地方引出两根用于和电源连接的导线，如图4-29所示。

图4-29　焊接定子铜线头

步骤6：接上直流电源，小电动机就可以转了，如图4-30所示。

图4-30　转动的自制直流电动机

综合篇

常见综合维修电工项目
工艺及技能训练

项目5 常见机床电路的安装与调试

【项目简介】

在职业院校维修电工工艺及技能训练实习课题中,电力拖动控制电路的安装、调试、维修占了相当大的比重,由于它与实际生产有着密切的联系,所以一直以来都作为维修电工工艺及技能训练中的重点内容和基本课题进行训练。机床电路故障检修是职业院校机电类专业的一项重要实习内容,是巩固和提高学生综合操作技能的重要手段。图5-1所示为C620型车床电气控制电路原理图和实物接线图。

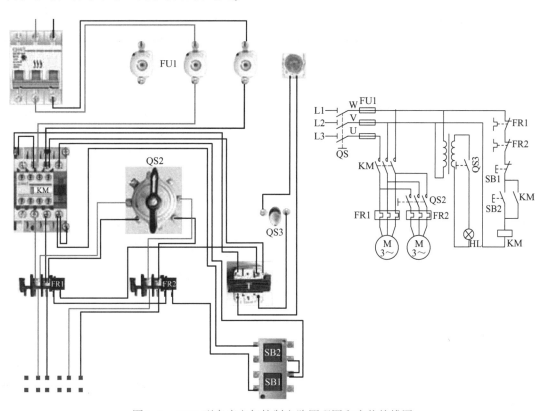

图 5-1　C620 型车床电气控制电路原理图和实物接线图

任务1 立式钻床电气控制电路的安装与调试

任务目标 ▞▞▞

1）掌握常见低压电器的图形符号、文字符号。
2）了解立式钻床电气控制电路的工作原理。
3）能识读安装图、接线图，明确安装要求。

情景描述 ▞▞▞

为了满足实习需要，我校要为机电系的钳工实习车间配置立式钻床7台，机加工实习车间有闲置钻床，但电气控制部分严重老化无法正常工作，需进行重新安装，我校电工班接受此任务，要求在规定期限完成安装、调试，并交给有关人员验收。

【任务准备】

一、钻床基本知识

钻床主要指用钻头在工件上加工孔（如钻孔、扩孔、铰孔、攻丝、锪孔等）的机床。钻床是机械制造和各种工厂必不可少的设备。加工过程中工件不动，让刀具移动，将刀具中心对正孔中心，并使刀具转动（主运动）。钻床的特点是工件固定不动，刀具做旋转运动，并沿主轴方向进给，操作可以是手动，也可以是机动。

根据用途和结构，钻床主要分为以下几类：

（1）立式钻床 工作台和主轴箱可以在立柱上垂直移动，用于加工中小型工件。

（2）台式钻床 简称台钻，是一种小型立式钻床，最大钻孔直径为12～15mm，安装在钳工台上使用，多为手动进钻，常用来加工小型工件的小孔等。

（3）摇臂钻床 主轴箱能在摇臂上移动，摇臂能回转和升降，工件固定不动，适用于加工大而重和多孔的工件，广泛应用于机械制造中。

二、低压电器

低压电器是指工作在交流1200V、直流1500V电压以下的各种电器以及电气设备。低压电器在工业电气控制系统电路中的主要作用是对所控制的电路或电路中其他的电器进行通断、保护、控制或调节。

低压电器根据其控制对象的不同，分为配电电器和控制电器两大类。

配电电器主要用于低压配电系统和动力回路，常用的有刀开关、转换开关、熔断器、低压断路器、接触器等。

控制电器主要用于电力传输系统和电气自动控制系统中，常用的有主令电器、继电器、起动器、控制器、万能转换开关等。

1. 刀开关

刀开关是一种手动电器，主要用于成套配电装置中作为隔离开关用。隔离开关断开时有明显的断开点，有利于停电检修工作的安全进行。

（1）HD 型单投刀开关　HD 型单投刀开关按极数分为 1 极、2 极、3 极几种，其示意图及图形符号如图 5-2 所示。图 5-2a 为直接手动操作，图 5-2b 为手柄操作，图 5-2c ~ h 为刀开关的图形符号和文字符号。其中，图 5-2c 为一般图形符号，图 5-2d 为手动符号，图 5-2e 为三极单投刀开关符号。当刀开关用作隔离开关时，其图形符号上加有一横杠，如图 5-2f ~ h 所示。

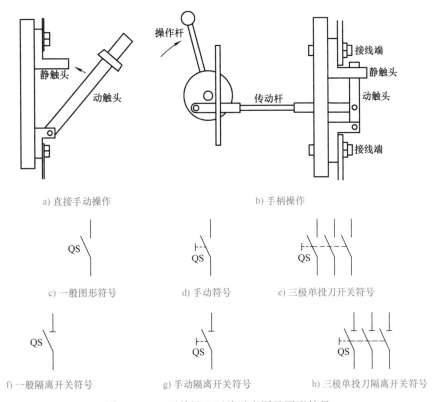

a) 直接手动操作　　　　　　　　　b) 手柄操作

c) 一般图形符号　　　　d) 手动符号　　　　e) 三极单投刀开关符号

f) 一般隔离开关符号　　　g) 手动隔离开关符号　　　h) 三极单投刀隔离开关符号

图 5-2　HD 型单投刀开关示意图及图形符号

单投刀开关的型号含义如下：

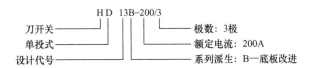

其中，设计代号的含义为：11 为中央手柄式，12 为侧方正面杠杆操动机构式，13 为中央正面杠杆操动机构式，14 为侧面手柄式。

（2）HS 型双投刀开关　HS 型双投刀开关也称转换开关，其作用和单投刀开关类似，常用于双电源的切换或双供电电路的切换等，其示意图及图形符号如图5-3所示。由于双投刀开关具有机械互锁的结构特点，因此可以防止双电源的并联运行和两条供电电路同时供电。

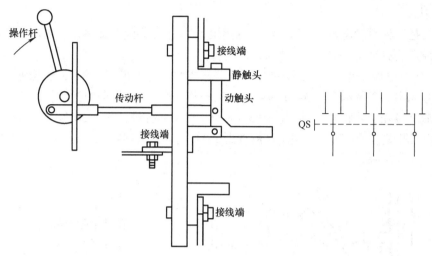

图5-3　HS型双投刀开关示意图及图形符号

（3）HR型熔断器式刀开关　HR型熔断器式刀开关也称刀熔开关，它实际上是将刀开关和熔断器组合成一体的电器。刀熔开关操作方便，并简化了供电电路，在供配电电路上应用很广泛，其工作示意图及图形符号如图5-4所示。刀熔开关可以切断故障电流，但不能切断正常的工作电流，所以一般应在无正常工作电流的情况下进行操作。

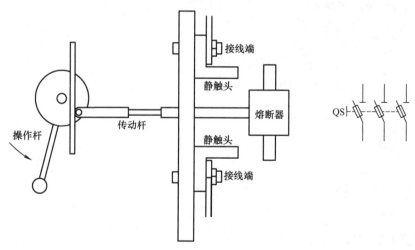

图5-4　HR型熔断器式刀开关示意图及图形符号

（4）组合开关　组合开关又称转换开关，控制容量比较小，常用于空间比较狭小的场所，如机床电气控制和配电箱等。组合开关一般用于电气设备的非频繁操作、切换电源和负载以及控制小容量感应电动机。

组合开关由动触头、静触头、转轴、手柄、定位机构及外壳等部分组成。其动、静触头分别叠装于数层绝缘壳内，当转动手柄时，每层的动触片随转轴一起转动。

常用的产品有HZ5、HZ10和HZ15系列。组合开关有单极、双极和多极之分。

组合开关的结构示意图及图形符号如图 5-5 所示。

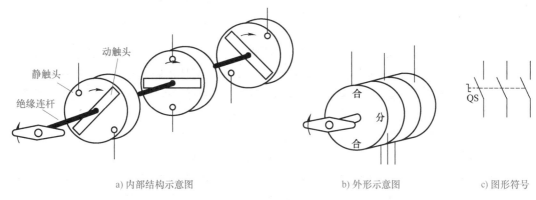

a) 内部结构示意图　　　　　　　b) 外形示意图　　　　　c) 图形符号

图 5-5　组合开关的结构示意图及图形符号

（5）HK 型开启式负荷开关　HK 型开启式负荷开关俗称闸刀或胶壳刀开关，由于它结构简单、价格便宜、使用维修方便，所以得到广泛应用。该开关主要用作电气照明电路、电加热电路、小容量电动机电路的不频繁控制开关，也可用作分支电路的配电开关。

开启式负荷开关由熔丝、触刀、触头座和底座组成，如图 5-6a 所示。此种刀开关装有熔丝，可起短路保护作用。

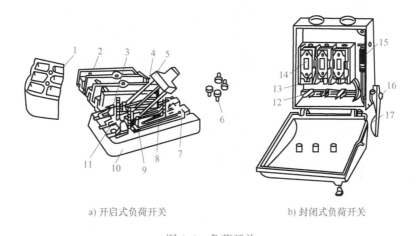

a) 开启式负荷开关　　　　　　　　b) 封闭式负荷开关

图 5-6　负荷开关

1—上胶盖　2—下胶盖　3、13—插座　4、12—触刀　5—操作手柄　6—固定螺母
7—进线端　8—熔丝　9—触头座　10—底座　11—出线端　14—熔断器
15—速断弹簧　16—转轴　17—操作手柄

（6）HH 型封闭式负荷开关　HH 型封闭式负荷开关俗称铁壳开关，主要由钢板外壳、触刀开关、操动机构、熔断器等组成，如图 5-6b 所示。触刀开关带有灭弧装置，能够通断负荷电流，熔断器用于切断短路电流。一般用于小型电力排灌、电热器、电气照明电路的配电设备中，也可用于不频繁地接通与分断电路，还可直接用于异步电动机的非频繁全压起动控制。

铁壳开关的操作结构有两个特点：一是采用储能合闸方式，即利用一根弹簧以执行合闸和分闸的功能，使开关闭合和分断时的速度与操作速度无关。它既有助于改善开关的动作性能和灭弧性能，又能防止触头停滞在中间位置。二是设有联锁装置，以保证开关合闸后便不能打开箱盖，而在箱盖打开后，不能再合开关，起到安全保护作用。

2. 熔断器

熔断器在电路中主要起短路保护作用，用于保护电路。熔断器的熔体串接在被保护的电路中，熔断器以电流产生的热使熔体熔断自动切断电路，实现短路保护及过载保护。

熔断器的主要技术参数包括额定电压、熔体额定电流、熔断器额定电流、极限分断能力等。

1）额定电压：指保证熔断器能长期正常工作的电压。

2）熔体额定电流：指熔体长期通过而不会熔断的电流。

3）熔断器额定电流：指保证熔断器能长期正常工作的电流。

4）极限分断能力：指熔断器在额定电压下所能开断的最大短路电流。在电路中出现的最大电流一般是指短路电流值，所以，极限分断能力也反映了熔断器分断短路电流的能力。

熔断器的额定电流与熔体的额定电流是两个概念。一个熔断器会配置若干个额定电流不大于熔断器额定电流的熔芯。各种常见的熔断器如图 5-7 所示。

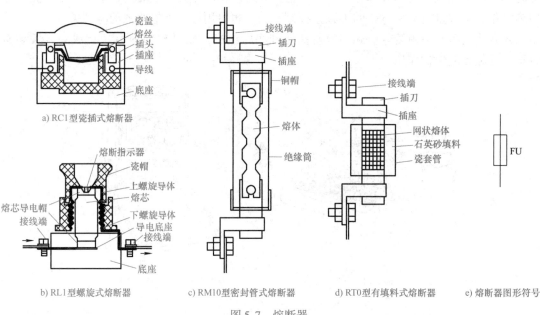

a) RC1型瓷插式熔断器　　b) RL1型螺旋式熔断器　　c) RM10型密封管式熔断器　　d) RT0型有填料式熔断器　　e) 熔断器图形符号

图 5-7　熔断器

3. 交流接触器

接触器在电力拖动自动控制电路中被广泛应用，主要用于控制电动机等。它能频繁地通断交直流电路，可实现被控电路远距离自动控制，还具有欠电压释放保护功能。接触器有交流接触器和直流接触器两大类型。

（1）交流接触器的组成部分　交流接触器由四部分组成，如图 5-8 所示。

1）电磁机构：电磁机构由线圈、动铁心（衔铁）和静铁心组成。

2）触头系统：交流接触器的触头系统包括主触头和辅助触头。主触头用于通断主电路，有 3 对或 4 对常开触头；辅助触头用于控制电路，起电气联锁或控制作用，通常有两对常开两对常闭触头。

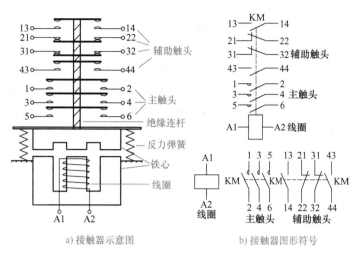

a) 接触器示意图 b) 接触器图形符号

图5-8 交流接触器的结构示意图及图形符号

3）灭弧装置：容量在10A以上的接触器都有灭弧装置。对于小容量的接触器，常采用双断口桥形触头以利于灭弧；对于大容量的接触器，常采用纵缝灭弧罩及栅片灭弧结构。

4）其他部件：包括反作用弹簧、缓冲弹簧、触头压力弹簧、传动机构及外壳等。

接触器上标有端子标号，线圈为A1、A2，主触头1、3、5接电源，2、4、6接负荷。辅助触头用两位数表示，前一位为辅助触头顺序号，后一位的3、4表示常开触头，1、2表示常闭触头。当线圈接通额定电压时，产生电磁力，克服弹簧力，吸引动铁心向下运动。同时动铁心带动连杆和触头向下运动，使常闭触头先断开，常开触头再闭合。当线圈失电或电压低于额定电压一定值时，电磁力小于弹簧力，常开、常闭触头恢复原始状态。

（2）交流接触器的主要技术参数和类型

1）额定电压：是指主触头的额定电压。交流有220V、380V和660V。

2）额定电流：是在一定的条件下（额定电压、使用类别和操作频率等）规定的，是指主触头的额定工作电流。目前常用的电流等级为10～800A。

3）线圈工作的额定电压：交流有36V、127V、220V和380V。

4）额定操作频率：接触器是频繁操作电器，应有较高的机械和电气寿命。接触器的额定操作频率是指每小时允许的操作次数，一般为300次/h、600次/h和1200次/h。

5）动作值：是指接触器的吸合电压和释放电压。规定接触器的吸合电压大于线圈额定电压的85%时应可靠吸合，释放电压不高于线圈额定电压的70%。

常用的交流接触器有CJ10、CJ12、CJ10X、CJ20、CJX1、CJX2、3TB和3TD等系列。

4. 主令电器

主令电器是一种机械操作的控制电器，可对各种电气系统发出控制指令，使继电器和接触器动作，从而改变电气设备的工作状态（如电动机的起动、停止、变速等）。

主令电器应用广泛，种类繁多。最常见的有控制按钮、行程开关、接近开关、转换开关和主令控制器等。下面重点介绍控制按钮。

控制按钮是用来接通或者分断小电流电路的控制电器，是发出控制指令或者控制信号的电器开关，是一种手动且一般可以自动复位的主令电器。在控制电路中，通过按动按钮发出相关的控制指令来控制接触器、继电器等电器，再由继电器、接触器等其他电器受控后的工作状态实现对主电路进行通断的控制要求。

控制按钮由按钮帽、复位弹簧、桥式触头和外壳等组成，其结构示意图及图形符号如图 5-9 所示。桥式触头又分常开触头（动合触头）和常闭触头（动断触头）两种。

按钮从外形和操作方式上可以分为平钮和急停按钮（也叫蘑菇头按钮），如图 5-9c 所示，除此之外还有钥匙式、旋钮式、拉式、带指示灯式等多种类型。

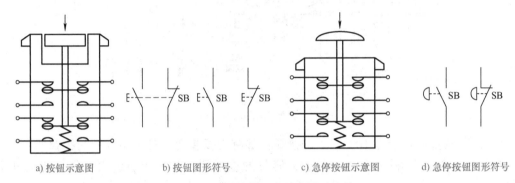

a) 按钮示意图　　b) 按钮图形符号　　c) 急停按钮示意图　　d) 急停按钮图形符号

图 5-9　按钮结构示意图及图形符号

控制按钮的型号及含义：

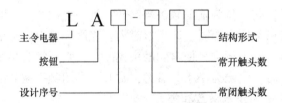

其中，结构形式代号的含义为：K 为开启式，Y 为钥匙式，S 为防水式，D 为带指示灯式，H 为保护式，DJ 为紧急式带指示灯，F 为防腐式，X 为旋钮式，J 为紧急式。

按钮帽外观的表示意义：为了标明各个按钮的作用，避免误操作，通常将按钮帽做成不同的颜色以示区别，其颜色有红、橘红、绿、黑、黄、蓝、白等几种。一般以橘红色表示紧急停止按钮，红色表示停止按钮，绿色表示起动按钮，黄色表示信号控制按钮。

紧急式按钮装有突出的、较大面积并带有标志色为橘红色的蘑菇形按钮帽，以便于紧急操作。该按钮按动后将自锁为按动后的工作状态。

旋钮式按钮装有可扳动的手柄式或钥匙式并可单一方向或可逆向旋转的按钮帽。该按钮可实现诸如顺序或互逆式往复控制。

指示灯式按钮则是在透明按钮帽的内部装指示灯，用来指示按动该按钮后的工作状态以及控制信号是否发出或者接收。

钥匙式按钮则是依据重要程度或者安全等级的要求，在按钮帽上装有必须用特制钥匙方可打开或者接通装置的按钮。

5. 热继电器

继电器用于将某种电量（如电压、电流）或非电量（如温度、压力、转速、时间等）

的变化量转换为开关量，以实现对电路的自动控制功能。继电器的种类很多，按输入量可分为电压继电器、电流继电器、时间继电器、速度继电器、压力继电器等；按用途可分为控制继电器、保护继电器等。

热继电器主要用于电动机的过载保护，是一种利用电流热效应原理工作的电器。它具有与电动机允许过载特性相近的反时限动作特性，主要与接触器配合使用，用于对三相异步电动机的过载和断相保护。

三相异步电动机在运行中，常因电气或机械原因引起过电流（过载和断相）现象。如果过电流不严重，持续时间短，绕组不超过允许温升，这种过电流是允许的；如果过电流情况严重，持续时间较长，会加快电动机绝缘老化，甚至烧毁电动机。因此，电动机应设置过载保护装置。常用过载保护装置种类很多，但使用最多、最普遍的是双金属片式热继电器。目前，双金属片式热继电器均为三相式，有带断相保护和不带断相保护两种。热继电器主要由双金属片、热元件、复位按钮、传动杆、拉簧、调节旋钮、复位螺钉、触头和接线端子等组成，如图5-10a所示。热继电器的图形符号如图5-10b所示。

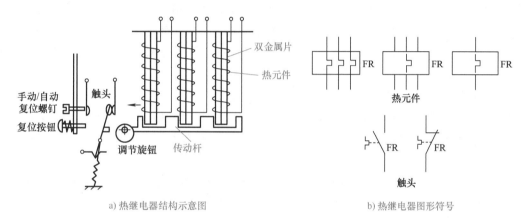

a) 热继电器结构示意图　　　　　　　　　　b) 热继电器图形符号

图 5-10　热继电器结构示意图及图形符号

双金属片是两种热膨胀系数不同的金属用机械方法使之形成一体的金属片。由于两种热膨胀系数不同的金属紧密地贴合在一起，当电流产生热效应时，使得双金属片向膨胀系数小的一侧弯曲，由弯曲产生的位移带动触头动作。

热元件串接于电动机的定子电路中，通过热元件的电流就是电动机的工作电流。当电动机正常运行时，其工作电流通过热元件产生的热量不足以使双金属片变形，热继电器不会动作。当电动机发生过电流且超过整定值时，双金属片的热量增大而发生弯曲，经过一定时间后，使触头动作，通过控制电路切断电动机的工作电源。同时，热元件也因失电而逐渐降温，经过一段时间的冷却，双金属片恢复到原来状态。

热继电器动作电流的调节是通过旋转调节旋钮来实现的。旋转调节旋钮可以改变传动杆和动触头之间的传动距离，距离越长动作电流就越大，反之动作电流就越小。复位方式有自动复位和手动复位两种，将复位螺钉旋入，使常开的静触头向动触头靠近，在双金属片冷却后动触头也返回，为自动复位方式。如将复位螺钉旋出，触头不能自动复位，为手动复位方式。在手动复位方式下，需在双金属片恢复原状时按下复位按钮才能使触头复位。

热继电器的保护对象是电动机，所以选用时应了解电动机的技术性能、起动情况、负载性质以及电动机允许的过载能力等。

1）长期稳定工作的电动机，可按电动机的额定电流选用热继电器。取热继电器整定电流的 0.95 ~ 1.05 倍或中间值等于电动机额定电流。

2）应考虑电动机的起动电流和起动时间，电动机的起动电流一般为额定电流的 4 ~ 7 倍。对于不频繁起动、连续运行的电动机，在起动时间不超过 6s 的情况下，可按电动机的额定电流选用热继电器。

三、电气原理图

电气原理图（又称电路图）是根据生产机械运动形式对电气控制系统的要求，采用国家统一规定的电气图形符号和文字符号，按照电气设备和电器的工作顺序排列，全面表示控制装置、电路的基本构成和连接关系而不考虑实际位置的一种图形，它能全面表达电气设备的用途、工作原理，是设备电气电路安装、调试及维修的依据。

在电气原理图中，电气元件不画实际的外形图，而采用国家统一规定的电气符号表示。电气符号包括图形符号和文字符号。电气元件的图形符号是用来表示电气设备、电气元件的图形标记，电气元件的文字符号是在相对应的图形符号旁标注的文字，用来区分不同的电气设备、电气元件或区分多个同类设备、电气元件，电气符号按国家标准（如国家标准 GB 4728—2008、2018《电气简图用图形符号》）绘制。

电气原理图一般分为电源电路、主电路、辅助电路三部分。

（1）电源电路　电源电路画成水平线，三相交流电源相序 L1、L2、L3 自上而下依次画出，中性线 N 和保护接地 PE 依次画在相线之下。直流电源的"＋"端画在上边，"－"端画在下边。电源开关要水平画出。

（2）主电路　主电路是由主熔断器、接触器的触头、热继电器的热元件以及电动机等组成。主电路通过的电流是电动机的工作电流，其电流较大。

主电路要画在电气原理图的左侧并垂直电源电路。

（3）辅助电路　辅助电路是由主令电器的触头、接触器线圈及辅助触头、继电器线圈及触头、指示灯和照明灯等组成。辅助电路通过的电流较小，一般不超过 5A。

画辅助电路时要跨接在两相电源线之间，一般按照控制电路、指示电路和照明电路的顺序依次垂直画在主电路图的右侧，且电路中与下边电源线相连的耗能元件（如接触器和继电器的线圈、指示灯和照明灯等）要画在电气原理图的下方，而电器的触头要画在耗能元件与上边电源线之间。

为了读图方便，一般按照自左至右、自上而下的排列来表示操作顺序。绘制、识读电气原理图应遵循的规则如下：

1）电气原理图中，各电器的触头位置都按电路未通电或电器未受外力作用时的常态位置画出。分析原理时，应从触头的常态位置出发。

2）电气原理图中，不画各元件实际的外形图，要采用国家统一规定的电气图形符号。

3）电气原理图中，同一电器的各元件不按它们的实际位置画在一起，而是按其在电路中所起的作用分别画在不同的电路中，但它们的动作却是相互关联的，因此，必须标以相同的文字符号。若图中相同的电器较多，则必须要在电器文字符号后面加注不同的数字，以示区别，如 KM1、KM2 等。

4）画电气原理图时，应尽可能减少线条和避免线条交叉。对有直接电联系的交叉导线的连接点，要用小黑点表示；无直接电联系的交叉导线，则不画小黑点。

5）电气原理图采用电路编号法，即对电路中的各个接点用字母或数字编号。

主电路在电源开关的出线端按相序依次编号为 U11、V11、W11，然后按从上至下、从左至右的顺序，每经过一个元件后，编号要递增，如 U12、V12、W12，U13、V13、W13，……。单台三相交流电动机（或设备）的三根引出线按相序依次编号为 U、V、W。多台电动机引出线的编号可在字母前用不同的数字加以区别，如 1U、1V、1W，2U、2V、2W，……。

辅助电路的编号按"等电位"的原则从上至下、从左至右的顺序用数字依次编号，每经过一个电气元件后，编号要依次递增。控制电路编号的起始数字必须是 1，其他辅助电路编号的起始数字依次递增 100，如照明电路的编号从 101 开始，指示电路的编号从 201 开始等。

四、接线图

接线图是根据电气设备和电气元件的实际位置和安装情况绘制的，它只用来表示电气设备和电气元件的位置、配线方式和接线方式，而不明显表示电气动作原理，主要用于安装接线、电路的检查维修和故障处理。

绘制、识读接线图的原则如下：

1）接线图中一般给出以下内容：电气设备和电气元件的相对位置、文字符号、端子号、导线号、导线类型、导线截面积、屏蔽和导线绞合等。

2）所有的电气设备和电气元件都按其所在的实际位置绘制在图样上，且同一电器的各元件根据其实际结构，使用与电气原理图相同的图形符号画在一起，并用点画线框上，其文字符号以及接线端子的编号应与电气原理图中的标注一致，以便对照检查接线。

3）接线图中导线走向相同的可以合并，用线束来表示，到达接线端子板或电气元件的接线点时再分别画出。导线及管子的型号、根数和规格应标注清楚。

五、布置图

布置图是根据电气元件在控制板上的实际安装位置，采用简化的外形符号（如正方形、矩形、圆形等）而绘制的一种简图。布置图主要用于电气元件的布置和安装。布置图中各电器的文字符号必须与电气原理图和接线图的标注相一致。

注意：在实际中，电气原理图、接线图和布置图要结合起来使用。

【任务实训】

实训1　立式钻床电气控制电路的安装训练

一、实训过程

1. 识读原理图并分析工作原理

立式钻床电气控制电路原理图如图 5-11 所示。

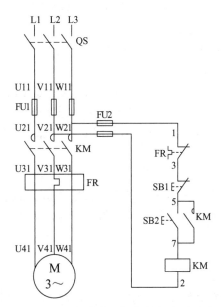

图 5-11　立式钻床电气控制电路原理图

立式钻床电气控制电路的工作原理：

（1）起动　按下起动按钮 SB2 ——→接触器 KM 线圈得电——→

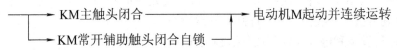

（2）停止　按下停止按钮 SB1 ——→接触器 KM 线圈失电——→

2. 安装步骤

1）识读控制电路图，明确电路所用电气元件及作用，熟悉电路的工作原理。

2）根据电路图或元件明细表配齐电气元件，并进行检验。电气元件的技术数据（如型号、规格、额定电压、额定电流等）应完整并符合要求，外观无损伤，备件、附件齐全完好。

3）根据电气元件选配安装工具和控制板。

4）严格检查电气元件的电磁机构是否灵活、是否卡住等。用万用表检查电磁线圈的通断情况以及各触头的分合情况。

5）根据电动机容量选配主电路导线的截面。控制电路导线一般选用截面为 $1mm^2$ 的铜芯线（BVR），按钮线一般选用截面为 $0.75mm^2$ 的铜芯线（BVR），接地线一般选用截面不小于 $1.5mm^2$ 的铜芯线（BVR）。

6）检查接触器线圈的额定电压与电源电压是否一致。

7）根据电路图绘制布置图和接线图，然后按要求在控制板上固定电气元件（电动机除外），并贴上醒目的文字符号。

8）根据接线图布线，同时将剥去绝缘层的两端线头套上标有与电路图编号相一致的编码套管。

9）对电动机的质量进行常规检查。

10）安装电动机。

11）连接电动机和所有电气元件金属外壳的保护接地线。

12）连接电源、电动机等控制板外部的导线。

13）自检。

14）交验。

15）通电试车。

3. 工艺要求

1）组合开关、熔断器的受电端子应安装在控制板的外侧，并使熔断器的受电端为底座的中心端。

2）各元件的安装位置应整齐、匀称，间距合理，便于元件的更换。

3）紧固各元件时要用力均匀，紧固程度要适当。

4）按接线图的走线方法进行板前明线布线和套编码套管。

板前明线布线的工艺要求如下：布线通道要尽可能的少，同路并行导线按主、控电路分类集中，单层密排，紧贴安装板的板面布线。同一平面的导线应高低一致，不得交叉（非交叉不可时，该根导线应在接线端子引出时，就水平架空跨越，但必须走线合理）、叠压。布线要横平竖直，分布均匀。变换走向时应垂直。布线时严禁损伤线芯和导线绝缘层。布线顺序一般以接触器为中心，由里向外，由低至高，先控制电路，后主电路进行，以不妨碍后续布线为原则。在每根剥去绝缘层导线的两端套上编码套管。导线与接线端子或接线桩连接时，不得压绝缘层、不反圈及不露铜过长。同一元件、同一回路的不同接点的导线间距应保持一致。一个电气元件接线端子上的连接导线不得多于两根，每节接线端子板上的连接导线一般只允许连接一根。

4. 通电试车

1）为保证人身安全，在通电校验时，要认真执行安全操作规程的有关规定，一人监护，一人操作。校验前，应检查与通电核验有关的电气设备是否有不安全的因素存在，若查出应立即整改，然后方能试车。

2）通电试车前，必须征得教师的同意，并由指导老师接通三相电源L1、L2、L3，同时在现场监护。学生合上电源开关QF后，检查熔断器出线端，是否有电压。按下SB，观察接触器情况是否正常，是否符合电路功能要求，电气元件的动作是否灵活，有无卡阻及噪声过大等现象，电动机运行情况是否正常等。但不得对电路接线是否正确进行带电检查。观察过程中，若发现有异常现象，应立即停车。

3）试车成功率以通电后第一次按下按钮时计算。

4）如出现故障，学生应独立进行检修。若需带电检查时，老师必须在现场监护。检修完毕后，如需要再次试车，老师也应该在现场监护，并做好记录。

5）通电校验完毕，切断电源。

5. 注意事项

1）电动机与按钮的金属外壳必须可靠接地。接至电动机的导线必须穿在导线通道内加以保护，或采用坚韧的四芯橡胶线或塑料护套线进行临时通电校验。

2）电源进线应接在螺旋式熔断器的下（低）接线座上，出线则应接在上（高）接线座上。

3）按钮内接线时，用力不得过猛，以防螺钉打滑。

二、实训评定

评价结论以"很满意、比较满意、一般、有待提高"等这种性质评价为好，因为它能更有效地帮助和促进学生的发展。小组成员互评，在你认为合适的地方打√，小组评价、教师评价考核采用 A、B、C、D 分级。

最后将综合评定成绩计入本次任务的最终成绩。教师引导学生将这次任务中遇到的问题进行及时的解决及修正，并将任务中获得的经验进行及时的整理和记录。

实训评价表见表4-1。

任务 2　减压起动器的安装

任务目标

1）能掌握常见低压电器的图形符号、文字符号。
2）能了解减压起动器电气控制电路的工作原理。
3）能识读安装图、接线图，明确安装要求。

情景描述

学院供水泵站供水不足需增设 3 台 7.5kW 水泵，校总务处委托机电工程系设计安装 3 台减压起动器。我班接受此任务，要求在规定期限完成安装、调试，并交有关人员验收。

【任务准备】

一、自耦减压起动器

自耦减压起动器又叫补偿器，是一种减压起动设备，常用来起动额定电压为 220V/380V 的三相笼型感应电动机（又称异步电动机）。自耦减压起动器采用抽头式自耦变压器做减压起动，既能适应不同负载的起动需要，又能得到比"星-三角"起动时更大的起动扭矩，并附有热继电器和失电压脱扣器，具有完善的过载和失电压保护功能，应用非常广泛。

二、时间继电器

1. 时间继电器的定义及分类

时间继电器是一种利用电磁原理或机械动作原理来实现触头延时闭合或分断的自动控制

电器。因它从得到动作信号起至触头动作有一定的延时时间，因此广泛用于需要按时间顺序进行自动控制的电气电路中。

时间继电器的种类很多，常用的主要有电磁式、电动式、空气阻尼式、晶体管式和数字式等类型，目前在电力拖动控制电路中，应用较多得是空气阻尼式和晶体管式时间继电器，图 5-12 所示是几款时间继电器的外形图。

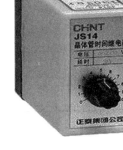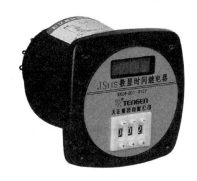

a) 空气阻尼式   b) 晶体管式   c) 数字式

图 5-12 常见的时间继电器

下面介绍两种时间继电器：JS7 - A 系列空气阻尼式和 JS20 系列晶体管式时间继电器。

2. JS7 - A 系列空气阻尼式时间继电器

（1）结构 空气阻尼式时间继电器又称气囊式时间继电器，其外形和结构如图 5-13 所示，主要由电磁系统、延时机构和触头系统三部分组成。电磁系统为直动式双 E 形电磁铁；延时机构采用气囊式阻尼器；触头系统借用 LX5 型微动开关，包括两对瞬时触头（1 对常开、1 对常闭）和两对延时触头（1 对常开、1 对常闭）。根据触头延时的特点，可分为通电延时动作型和断电延时复位型两种。

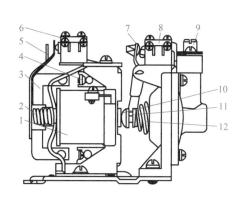

a) 外形   b) 结构

图 5-13 空气阻尼式时间继电器

1—线圈 2—反力弹簧 3—衔铁 4—铁心 5—弹簧片 6—瞬时触头 7—杠杆
8—延时触头 9—调节螺钉 10—推杆 11—活塞杆 12—宝塔形弹簧

(2) 符号 时间继电器在电路图中的符号如图 5-14 所示。

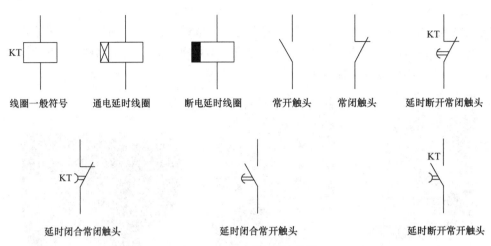

线圈一般符号　　通电延时线圈　　断电延时线圈　　常开触头　　常闭触头　　延时断开常闭触头

延时闭合常闭触头　　　　　延时闭合常开触头　　　　　延时断开常开触头

图 5-14　时间继电器的符号

(3) 原理　JS7 - A 系列空气阻尼式时间继电器是利用气囊中的空气通过小孔节流的原理来获得延时动作的，其结构原理示意图如图 5-15 所示。图 5-15a 是通电延时型时间继电器，当电磁系统的线圈通电时，微动开关 SQ2 的触头瞬时动作，而 SQ1 的触头由于气囊中空气阻尼的作用延时动作，其延时时间的长短取决于进气的快慢，可通过旋动调节螺钉 13进行调节，延时范围有 0.4 ~ 60s 和 0.4 ~ 180s 两种。当线圈断电时，微动开关 SQ1 和 SQ2的触头均瞬时复位。

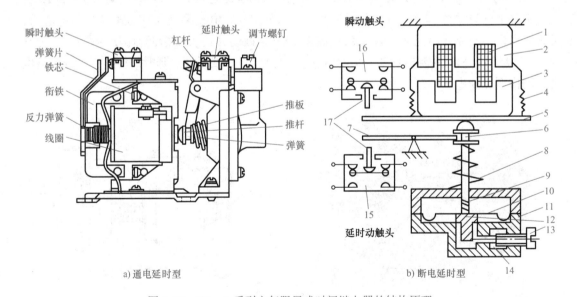

a) 通电延时型　　　　　　　　　　　　　　　b) 断电延时型

图 5-15　JS7 - A 系列空气阻尼式时间继电器的结构原理

1—线圈　2—静铁心　3—衔铁　4—反力弹簧　5—推板　6—活塞杆　7—杠杆　8—塔形弹簧
9—弱弹簧　10—橡皮膜　11—空气室壁　12—活塞　13—调节螺钉　14—进气孔
15—微动开关（延时）　16—微动开关（不延时）　17—微动按钮

JS7 - A6 系列断电延时型和通电延时型时间继电器的组成元件是通用的。若将图 5-15a

中通电延时型时间继电器的电磁机构旋出固定螺钉后反转180°安装，即为图5-15b所示断电延时型时间继电器，其工作原理请自行分析。

3. JS20系列晶体管式时间继电器

晶体管式时间继电器也称为半导体时间继电器或电子式时间继电器，具有机械结构简单、延时范围宽、整定精度高、体积小、耐冲击、耐振动、消耗功率小、调整方便及寿命长等优点，所以发展迅速，已成为时间继电器的主流产品，应用越来越广。

晶体管式时间继电器按结构分为阻容式和数字式两类；按延时方式分为通电延时型、断电延时型及带瞬动触头的通电延时型。

JS20系列晶体管式时间继电器是全国推广的统一设计产品，适用于交流50Hz、电压380V及以下或直流电压220V及以下的控制电路中做延时元件，按预定的时间接通或分断电路。它具有体积小、重量轻、精度高、寿命长、通用性强等优点。

（1）结构　JS20系列晶体管式时间继电器具有保护外壳，其内部结构采用印刷电路组件。安装和接线采用专用的插接座，并配有带插脚标记的下标盘做接线指示，上标盘上还带有发光二极管作为动作指示。结构形式有外接式、装置式和面板式三种。

（2）工作原理　JS20系列通电延时型时间继电器的电路图如图5-16所示。它由电源、电容充放电电路、电压鉴别电路、输出电路和指示电路五部分组成。电源接通后，经整流滤波和稳压后的直流电，经过RP1和R2向电容C2充电。当场效应晶体管V6的栅源电压U_{gs}低于夹断电压U_p时，V6截止，因而V7、V8也处于截止状态。随着充电的不断进行，电容C2的电位按指数规律上升，当满足U_{gs}高于U_p时，V6导通，V7、V8也导通，继电器KA吸合，输出延时信号。同时电容C2通过R8和KA的常开触头放电，为下次动作做好准备。当切断电源时，继电器KA释放，电路恢复原始状态，等待下次动作。调节RP1和RP2即可调整延时时间。

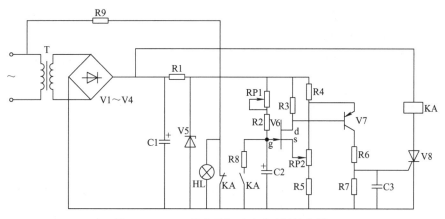

图5-16　JS20系列通电延时型时间继电器

三、全压起动

全压起动是指起动时加在电动机定子绕组上的电压为电动机的额定电压，也叫直接起动。

全压起动的优点是所用电气设备少，电路简单，维修量较小。但全压起动时的起动电流较大，一般为额定电流的 4~7 倍，这样大的起动电流会对电动机产生很大影响。首先，在电源变压器容量不够大而电动机功率较大的情况下，全压起动将导致电源变压器输出电压下降。其次，电动机的转矩与电压二次方成正比，如果电压下降严重，不仅减小电动机本身的起动转矩，使该台电动机起动困难，而且将使电路上所带的其他电动机因电压过低而转矩过小，影响电动机的输出，甚至使电动机自行停下来。另外，过大的起动电流，将使电动机以及电路产生能量损耗。当然，电动机一经起动后，电流也就随之减小。但在一些特殊情况下，如频繁起动的电动机，因起动电流而引起的发热就需要考虑。特别是在一些起动较慢和起动过程较长的情况下，能量损耗较大，发热更为严重。

从以上可以看出，起动电流过大对电动机及电路都是不利的。为了限制起动电流，提高起动转矩，应根据具体情况采取相应的起动方法。通常规定：电源容量在 180kV·A 以上，电动机容量在 7kW 以下的三相异步电动机可采用全压起动。

判断一台电动机能否全压起动，还可以用下面的经验公式来确定：

$$\frac{I_{st}}{I_N} \leqslant \frac{3}{4} + \frac{S_N}{4P_N}$$

式中，I_{st} 为电动机全压起动电流（A）；I_N 为电动机额定电流（A）；S_N 为电源变压器容量（kV·A）；P_N 为电动机功率（kW）。

凡不满足全压起动条件的，均须采用减压起动。

四、减压起动

减压起动是指利用起动设备将电压适当降低后，加到电动机的定子绕组上进行起动，待电动机起动运转后，再使其电压恢复到额定电压正常运转。

减压起动的特点：由于电流随电压的降低而减小，所以减压起动达到了减小起动电流的目的。但是，由于电动机转矩与电压的二次方成正比，所以减压起动也将导致电动机的起动转矩大为降低。因此，减压起动需要在空载或轻载下起动。

减压起动的分类：减压起动分为 丫-△ 减压起动、定子绕组串接电阻减压起动、延边 △ 减压起动、自耦变压器减压起动等。

1. 丫-△ 减压起动控制电路

（1）手动控制 丫-△ 减压起动控制电路 图 5-17 所示是双投开启式负荷开关手动控制丫-△ 减压起动控制电路。电路的工作原理为：起动时，先合上电源开关 QS1，然后把开启式负荷开关 QS2 扳到"起动"位置，电动机定子绕组便接成星形减压起动；当电动机转速上升并接近额定值时，再将 QS2 扳到"运行"位置，电动机定子绕组改接成三角形全压正常运行。

电动机起动时接成星形，加在每相定子绕组上的起动电压只有 △ 联结的 $\frac{1}{\sqrt{3}}$，起动电流为 △ 联结的 $\frac{1}{3}$，起动转矩也只有 △ 联结的 $\frac{1}{3}$。所以这种减压起动方法，只适用于轻载或空载下起动。凡是在正常运行时定子绕组 △ 联结的异步电动机，均可采用这种减压起动方法。

手动控制 丫-△ 减压起动器专门作为手动控制 丫-△ 减压起动用，有 QX1 和 QX2 系列，按控制电动机的容量分为 13kW 和 30kW 两种，起动器的正常操作频率为 30 次/h。

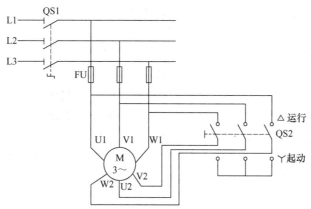

图 5-17　双投开启式负荷开关手动控制 丫-△ 减压起动控制电路

　　QX1 型手动控制 丫-△ 减压起动器的外形结构图、接线图、触头分合图如图 5-18 所示。起动器有起动（丫）、停止（0）和运行（△）三个位置，当手柄扳到"0"位置时，八对触头都分断，电动机脱离电源停转；当手柄扳到"丫"位置时，1、2、5、6、8 触头闭合接通，3、4、7 触头分断，定子绕组的末端 W2、U2、V2 通过触头 5 和 6 接成星形，始端 U1、

a) 外形结构图

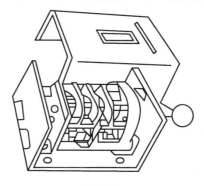

b) 接线图

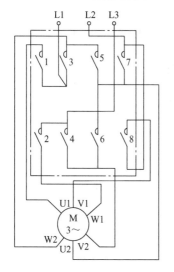

c) 触头分合图

接点	手柄位置		
	起动(丫)	停止(0)	运行(△)
1	×		×
2	×		×
3			×
4			×
5	×		
6	×		
7			×
8	×		×

注：×—接通。

图 5-18　QX1 型手动控制 丫-△ 减压起动器

V1、W1 则分别通过触头 1、8、2 接入三相电源 L1、L2、L3，电动机进行星形减压起动；当电动机转速上升并接近额定转速时，将手柄扳到"△"位置，这时 1、2、3、4、7、8 触头闭合，5、6 触头分断，定子绕组按 U1→触头 1→触头 3→W2、V1→触头 8→触头 7→U2、W1→触头 2→触头 4→V2 接成 △ 全压正常运转。

（2）时间继电器自动控制 丫-△ 减压起动控制电路　时间继电器自动控制 丫-△ 减压起动控制电路原理图和布置图分别如图 5-19、图 5-20 所示。该电路由 3 个接触器、1 个热继电器、1 个时间继电器和 2 个按钮组成。接触器 KM 用于引入电源，接触器 KM丫 和 KM△ 分别用于星形减压起动和 △ 联结运行，时间继电器 KT 用于控制星形减压起动时间和完成 丫-△ 自动切换，SB1 是起动按钮，SB2 是停止按钮，FU1 作为主电路的短路保护，FU2 作为控制电路的短路保护，KH 为过载保护。

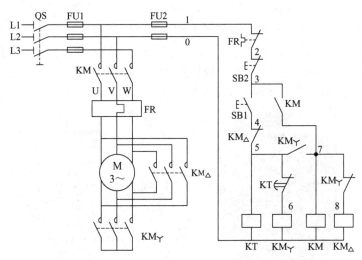

图 5-19　时间继电器自动控制 丫-△ 减压起动控制电路原理图

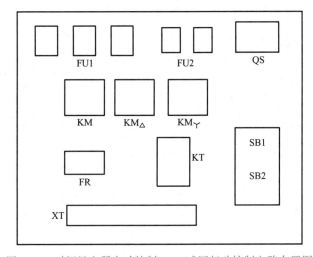

图 5-20　时间继电器自动控制 丫-△ 减压起动控制电路布置图

当接触器 KM 和接触器 KM丫 同时得电工作时电动机定子绕组接成星形，电动机工作状态为减压起动。当接触器 KM 和接触器 KM△ 同时得电工作时电动机定子绕组接成三角形，电动机工作状态为全压起动。

注：接触器 KM$_Y$ 和接触器 KM$_\triangle$ 不能同时得电工作，否则将会造成严重的相间短路事故。

工作原理如下：

减压起动：先合上电源开关 QS。

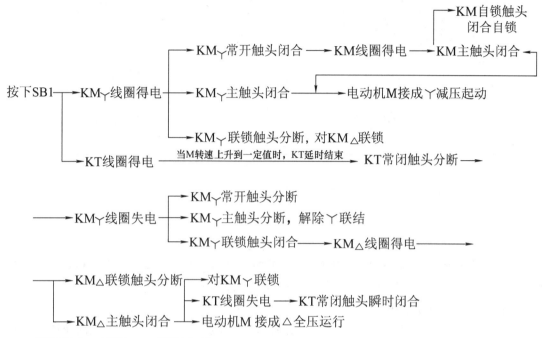

若要停止，按下 SB2 即可实现。

该电路中，接触器 KM$_Y$ 得电以后，通过 KM$_Y$ 的辅助常开触头使接触器 KM 得电动作，这样 KM$_Y$ 的主触头是在无负载的条件下进行闭合的，所以可延长接触器 KM$_Y$ 主触头的使用寿命。

时间继电器自动控制 Y-△ 减压起动电路的定型产品有 QX3、QX4 两个系列，称之为 Y-△ 自动起动器，它们的主要技术数据见表 5-1。

表 5-1　Y-△ 自动起动器的技术数据

起动器型号	控制功率/kW			配用热元件的额定电流/A	延时调整范围/s
	220V	380V	500V		
QX3 – 13	7	13	13	11、16、22	4 ~ 16
QX3 – 30	17	30	30	32、45	4 ~ 16
QX4 – 17		17	13	15、19	11、13
QX4 – 30		30	22	25、34	15、17
QX4 – 55		55	44	45、61	20、24
QX4 – 75		75		85	30
QX4 – 125		125		100 ~ 160	14 ~ 60

QX3 – 13 型 Y-△ 自动起动器的外形如图 5-21 所示。

2. 定子绕组串接电阻减压起动控制电路

（1）手动控制电路　手动控制串联电阻减压起动控制电路如图 5-22 所示。

图 5-21　QX3-13 型 丫-△ 自动起动器

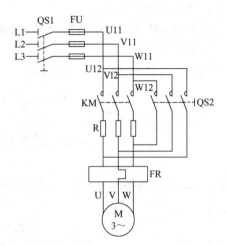

图 5-22　手动控制串联电阻减压起动控制电路

图 5-22 所示电路的减压起动过程为：

先合上电源开关 QS1→电动机 M 串联电阻 R 进行减压起动 ——至电动机的转速升高到一定值时—→ 再合上 QS2→电阻 R 被开关 QS2 的触头短接→电动机全压正常运转。

可见，定子绕组串接电阻减压起动是在电动机起动时，把电阻串接在电动机定子绕组与电源之间，通过电阻的分压作用来降低定子绕组上的起动电压。待电动机起动后，再将电阻短接，使电动机在额定电压下正常运行。

（2）时间继电器自动控制电路　图 5-22 所示的手动控制电路中，电动机从减压起动到全压运行是通过操作开关 QS2 来实现的，工作既不方便也不可靠。因此，在实际中常采用时间继电器，来自动完成短接电阻的要求，实现自动控制。

图 5-23 所示是时间继电器自动控制定子绕组串接电阻减压起动的电路图，这个电路中用接触器 KM2 的主触头代替上图电路中的开关 QS2 来短接电阻 R，用时间继电器 KT 来控制电动机从减压起动到全压运行的时间，从而实现了自动控制。

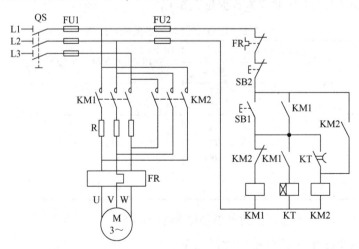

图 5-23　时间继电器自动控制定子绕组串接电阻减压起动电路图

工作原理如下：

减压起动：先合上电源开关 QF。

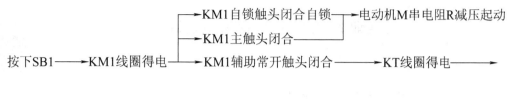

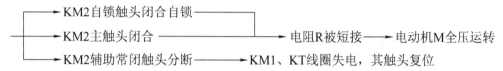

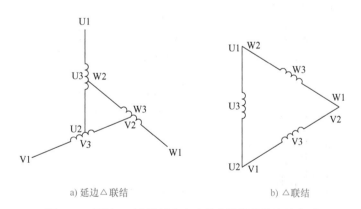

若要停止，按下 SB2 即可。

由以上分析可见，只要调整好时间继电器 KT 触头的动作时间，电动机由起动过程切换到运行过程就能准确可靠地自动完成。

串电阻减压起动的缺点是减小了电动机的起动转矩，同时起动时在电阻上的功率消耗也较大。如果起动频繁，则电阻的温度很高，对于精密的机床会产生一定的影响，所以目前这种减压起动的方法，在生产实际中的应用正在逐步减少。

3. 延边 △ 减压起动

延边 △ 减压起动是指电动机起动时，把定子绕组的一部分接成"△"，另一部分接成"丫"，使整个绕组接成延边 △，如图 5-24a 所示。待电动机起动后，再把定子绕组改接成 △ 全压运行，如图 5-24b 所示。

a) 延边△联结　　　　　　　　b) △联结

图 5-24　延边 △ 减压起动电动机定子绕组的连接方式

延边 △ 减压起动是在 丫-△ 减压起动的基础上加以改进而形成的一种起动方式，它把 丫联结和 △ 联结两种接法结合起来，使电动机每相定子绕组承受的电压小于 △ 联结时的相电压，而大于 丫联结时的相电压，并且每相绕组电压的大小可随电动机绕组抽头（U3、V3、W3）位置的改变而调节，从而克服了 丫-△ 减压起动时起动电压偏低、起动转矩偏小的缺点。

【任务实训】

实训 2 减压起动器的安装训练

一、实训过程

1. 减压起动器控制板电气元件布置图

减压起动器控制板电气元件布置图如图 5-25 所示。

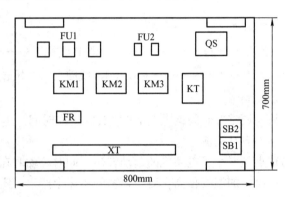

图 5-25 减压起动器控制板电气元件布置图

2. Y-△ 减压起动接线图

Y-△ 减压起动主电路接线图如图 5-26 所示，Y-△ 减压起动控制电路接线图如图 5-27 所示。

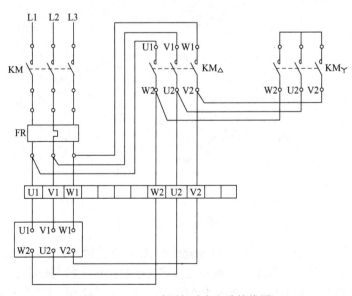

图 5-26 Y-△ 减压起动主电路接线图

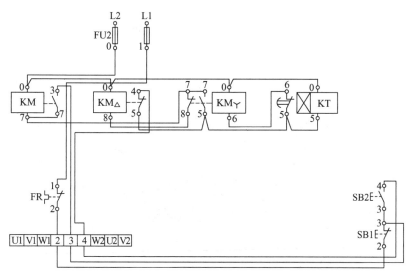

图 5-27 Y-△ 减压起动控制电路接线图

3. 安装步骤、工艺要求、通电试车、注意事项

同实训 1。

二、实训评定

同实训 1。

任务 3 CA6140 型车床电气控制电路的安装

任务目标

1) 能掌握常见低压电器的图形符号、文字符号。
2) 能分析 CA6140 型车床电气控制电路的工作原理。
3) 能识读安装图、接线图，明确安装要求，进行正确的安装。

情景描述

学院数控工程系车工实习车间需要对 CA6140 型车床电气控制电路进行安装。我班接受此任务，要求在规定期限完成安装、调试，并交有关人员验收。

【任务准备】

一、CA6140 型车床概述

CA6140 型车床为我国自行设计制造的普通车床，它与早期的 C620 - 1 型车床相比较，具有性能优越、结构先进、操作方便和外形美观等优点。

CA6140 型车床主要由床身、主轴变速箱、进给箱、溜板箱、刀架、尾架、丝杠和光杠等部件组成，其外形结构如图 5-28 所示。

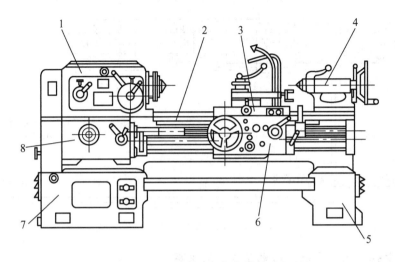

图 5-28　CA6140 型车床外形图

1—主轴变速箱　2—床身　3—刀架及溜板　4—尾架

5、7—床腿　6—溜板箱　8—进给箱

二、CA6140 型车床的主要运动方式

CA6140 型车床有两个主要的运动方式，一是卡盘或顶尖带着工件的旋转运动，也就是车床主轴的运动；另外一个是溜板带着刀架的直线运动，称为进给运动。车床工作时，绝大部分功率消耗在主轴上面。

车床的切削运动包括工件旋转的主运动和刀具的直线进给运动。根据工件的材料性质、车刀材料及几何形状、工件直径、加工方式及冷却条件的不同，要求主轴有不同的切削速度。主轴变速是由主轴电动机经皮带传递到主轴变速箱来实现的。CA6140 型车床的主轴正转速度有 24 种（10～1400r/min），反转速度有 12 种（14～1580r/min）。

采用齿轮箱进行机械有级调速。为减小振动，主轴电动机通过几条三角皮带将动力传递到主轴箱。刀架移动和主轴转动有固定的比例关系，以便满足对螺纹的加工需要，这由机械传动保证，对电气方面无任何要求。车削加工时，刀具及工件温度过高，有时需要冷却，因而应该配有冷却泵，且要求在主拖动电动机起动后，冷却泵方可选择起动与否，而当主拖动电动机停止时，冷却泵应立即停止。CA6140 型车床电气控制电路必须有过载、短路、失压保护，具有安全的局部照明装置。

三、CA6140 型车床的电气控制电路分析

CA6140 型车床的电气原理图如图 5-29 所示，图中可分为主电路、控制电路、照明和指示灯电路，现进行简要分析。

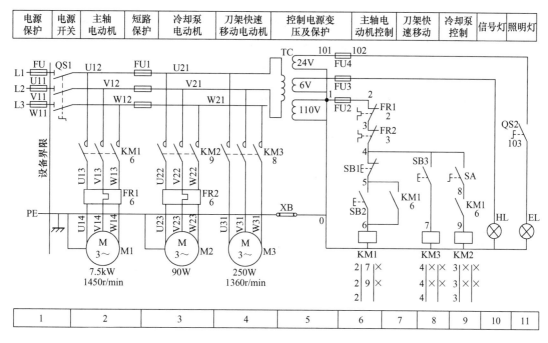

图 5-29　CA6140 型车床的电气原理图

1. 主电路分析

主电路共有 3 台电动机。其中，M1 是主轴电动机，由接触器 KM1 控制，实现主轴旋转和刀架的进给运动，M1 由热继电器 FR1 做过载保护；M2 是冷却泵电动机，由接触器 KM2 控制，用以输送切削液，M2 由热继电器 FR2 做过载保护；M3 是刀架快速移动电动机，由接触器 KM3 控制，实现刀架的快速移动。

三相交流电源通过转换开关 QS1 引入，电动机 M2 和 M3 共用一组熔断器 FU1 做短路保护。

2. 控制电路分析

控制电路的电源由控制变压器 TC 二次侧输出 110V 电压提供。

（1）主轴电动机的控制　按下起动按钮 SB2，接触器 KM1 的线圈得电，KM1 吸合并自锁（以下简称接触器 KM1 得电吸合并自锁），其主触头闭合，主轴电动机 M1 起动运转，同时 KM1 的另一对常开触头闭合。按下停止按钮 SB1，M1 停转。

（2）冷却泵电动机的控制　只有当接触器 KM1 得电吸合，使其常开辅助触头闭合后，合上开关 SA，接触器 KM2 才能得电吸合，冷却泵电动机 M2 才能起动运转。

（3）刀架快速移动电动机的控制　刀架快速移动电动机 M3 的起动是由安装在进给操纵手柄顶端的按钮 SB3 来控制的。它与接触器 KM3 组成点动控制环节。将操作手柄扳到所需的方向，按下按钮 SB3，KM3 得电吸合，电动机 M3 起动运转，刀架就向指定方向快速移动。因快速移动电动机是短时工作的，所以未设过载保护。

3. 照明和指示灯电路分析

控制变压器 TC 的二次侧分别输出 24V 和 6V 电压，作为机床低压照明和指示灯的电源。EL 为机床的低压照明灯，由开关 QS2 控制；HL 为电源的指示灯。它们分别用 FU4 和 FU3 做短路保护。

四、绘制和识读机床电气原理图的基本知识

机床电气原理图所包含的电气元件和电气设备等符号较多，要正确绘制和识读机床电气原理图，除绘制电气原理图应遵循的一般原则之外，还要对整张图样进行划分并注明各分支路的用途及接触器、继电器等的线圈与受其控制的触头所在位置的表示方法。

1. 图上位置的表示方法

对符号或元件在图上的位置可采用图幅分区法、电路编号法等表示方法。下面介绍图幅分区法和电路编号法。

（1）图幅分区法　图幅分区法是将图样相互垂直的两对边各自加以等分，每条边必须等分为偶数。行向用大写拉丁字母 A、B、C、…依次编号，列向用阿拉伯数字 1、2、3、…依次编号，编号的顺序应从标题栏相对左上角开始。每个符号或元件在图中的位置可以用代表行的字母、代表列的数字或代表区域的字母数字组合来标记，如 B 行、3 列或 B3 区等。电气原理图中各分支电路的功能一般放在图样幅面上部的框内。图幅分区示意图如图 5-30 所示。

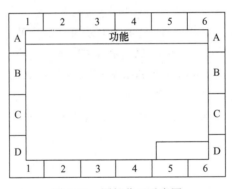

图 5-30　图幅分区示意图

（2）电路编号法　机床电气原理图使用电路编号法较为广泛。对电路或分支电路采用数字编号来表示其位置的方法称为电路编号法。编号的原则是从左到右顺序排列，每一编号代表一条支路或电路。各编号所对应的电路功能用文字表示，一般放在图面上部的框内。CAS6140 型车床电路图中就使用了电路编号法，即分成了 11 列支路。

2. 表格

在电气原理图中，同一元件的各部分图形符号分散在图样中不同的部位，如接触器、继电器等，只需标上相同的文字符号即可。为了较迅速查找同一元件的所有部分，可以采用表格。

（1）接触器的表格表示方法　在每个接触器线圈的文字符号 KM 的下面画两条竖直

线，分成左、中、右三栏，把受其控制而动作的触头所处的图列，用数字标注在左、中、右三栏内。对备用而未用的触头，在相应的栏中用记号"×"或""标出，见表5-2。

表5-2　接触器的表格表示方法

栏　目	左　栏	中　栏	右　栏
触头类型	主触头所在图列	辅助常开触头所在图列	辅助常闭触头所在图列
举　例 KM 2|6|8 2|×|× 2	表示：三对主触头均在图列2	表示：一对辅助常开触头在图列6，另一对辅助常开触头未使用	表示：一对辅助常闭触头在图列8，另一对辅助常闭触头未使用

（2）继电器的表格表示方法　在每个继电器线圈的文字符号K的下面画一条竖直线，分成左、右两栏，把受其控制而动作的触头所处的图列，用数字标注在左、右两栏内。对备用而未用的触头，在相应的栏中用记号"×"或""标出，有时对备用而未用的触头也可以不标出，见表5-3。

表5-3　继电器的表格表示方法

栏　目	左　栏	右　栏
触头类型	常开触头所在图列	常闭触头所在图列
举　例 K 5|6 8|9	表示：一对常开触头在图列5，另一对常开触头在图列8	表示：一对常闭触头在图列6，另一对常闭触头在图列9

【任务实训】

实训3　CA6140型车床电气控制电路的安装训练

一、实训过程

1. 安装步骤和工艺要求

第一步：选配并检验元件和电气设备。工艺要求如下：

1）按电气元件明细表配齐电气设备和元件，并逐个检验其规格和质量。

2）根据电动机的容量、电路走向及要求和各元件的安装尺寸，正确选配导线的规格、导线通道类型和数量、接线端子板、控制板、紧固件等。

第二步：在控制板上固定电气元件和走线槽，并在电气元件附近做好与电路图上相同代号的标记。工艺要求：安装走线槽时，应做到横平竖直、排列整齐匀称、安装牢固和便于走线等。

第三步：在控制板上进行板前线槽配线，并在导线端部套编码套管。工艺要求：同板前线槽配线的工艺要求。

第四步：进行控制板外的元件固定和布线。

1）选择合理的导线走向，做好导线通道的支持准备。

2）控制箱外部导线的线头上要套装与电路图相同线号的编码套管；可移动的导线通道应留适当的余量。

3）按规定在通道内放好备用导线。

第五步：自检。

1）根据电路图检查电路的接线是否正确和接地通道是否具有连续性。

2）检查热继电器的整定值和熔断器中熔体的规格是否符合要求。

3）检查电动机及电路的绝缘电阻。

4）检查电动机的安装是否牢固，与生产机械传动装置的连接是否可靠。

5）清理安装现场。

第六步：通电试车。

1）接通电源，点动控制各电动机的起动，以检查各电动机的转向是否符合要求。

2）先空载试车，正常后方可接上电动机试车。空载试车时，应认真观察各电气元件、电路、电动机及传动装置的工作是否正常。发现异常时，应立即切断电源进行检查，待调整或修复后方可再次通电试车。

2. 注意事项

1）导线的数量应按敷设方式和管路长度来决定，线管的管径应根据导线的总截面来决定，导线的总截面不应大于线管有效截面的40%，其最小标称直径为12mm。

2）当控制开关远离电动机而看不到电动机的运转情况时，必须另设开车信号装置。

3）电动机使用的电源电压和绕组的接法，必须与铭牌上规定的相一致。

4）接线时，必须先接负载端，后接电源端；先接接地线，后接三相电源相线。

5）通电试车时，必须先空载点动后，再连续运行。若空载运行正常，再接上负载运行；若发现异常情况，则应立即断电检查。

6）欠电压保护。欠电压是指电路电压低于电动机应加的额定电压。欠电压保护是指当电路电压下降到某一数值时，电动机能自动脱离电源停转，避免电动机在欠电压下运行的一种保护。

当电路电压下降到一定值（一般指低于电源额定电压的85%）时，接触器线圈两端的电压也同样下降到此值，使接触器线圈磁通减弱，产生的电磁吸力减小。当电磁吸力减小到小于反作用弹簧的拉力时，动铁心被迫释放，主触头和自锁触头同时分断，自动切断主电路和控制电路，电动机失电停转，起到了欠电压保护的作用。

7）失压（或零压）保护。失压保护是指电动机在正常运行中，由于外界某种原因引起突然断电时，能自动切断电动机电源；当重新供电时，保证电动机不能自行起动的一种保护。接触器自锁控制电路可实现失压保护作用。接触器自锁触头和主触头在电源断电时已经分断，使控制电路和主电路都不能接通，所以在电源恢复供电时，电动机就不会自行起动运转，保证了人身和设备的安全。

二、实训评定

评价结论以"很满意、比较满意、一般、有待提高"等这种性质评价为好，因为它能更有效地帮助和促进学生的发展。小组成员互评，在你认为合适的地方打√，小组评价、教师评价考核采用 A、B、C、D 分级。

最后将综合评定成绩计入本次任务的最终成绩。教师引导学生将这次任务中遇到的问题进行及时的解决及修正，并将任务中获得的经验进行及时的整理和记录。

理实一体化学习评定表见表4-1。

【知识拓展】

中国制造 2025

《中国制造 2025》是中国政府实施制造强国战略第一个十年的行动纲领。《中国制造 2025》提出，坚持"创新驱动、质量为先、绿色发展、结构优化、人才为本"的基本方针，坚持"市场主导、政府引导，立足当前、着眼长远，整体推进、重点突破，自主发展、开放合作"的基本原则，通过"三步走"实现制造强国的战略目标。第一步，到 2025 年迈入制造强国行列；第二步，到 2035 年中国制造业整体达到世界制造强国阵营中等水平；第三步，到新中国成立一百年时，综合实力进入世界制造强国前列。

围绕实现制造强国的战略目标，《中国制造 2025》明确了 9 项战略任务和重点，提出了 8 个方面的战略支撑和保障。

《中国制造 2025》是在新的国际国内环境下，中国政府立足于国际产业变革大势，做出的全面提升中国制造业发展质量和水平的重大战略部署。其根本目标在于改变中国制造业"大而不强"的局面，通过 10 年的努力，使中国迈入制造强国行列，为到 2045 年将中国建成具有全球引领和影响力的制造强国奠定坚实基础。

【拓展训练】

M7120 型平面磨床电气控制电路的安装训练

1. 安装要求

我院有 3 台 M7120 型平面磨床因电路严重老化，需要对其电气电路进行改造。后勤处对我们班下达了工作任务，要求在一周内完成磨床电气控制电路的安装及调试工作。

2. 工作原理图

工作原理图如图 5-31 所示。

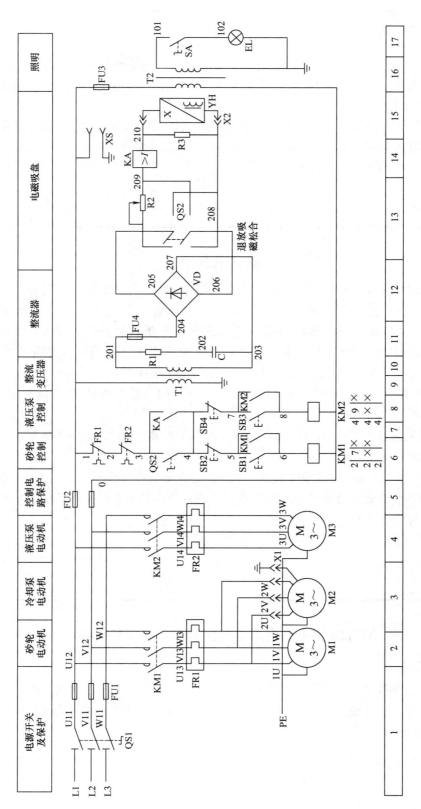

图5-31　M7120型平面磨床电路原理图

创意DIY

废旧电子元器件的创意设计

请同学们发挥想象力，搜集废旧的电子元器件，利用它们做一些小小的创意设计的作品，样例作品如图 5-32 所示。

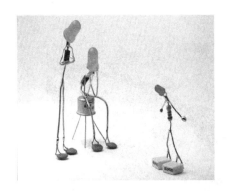

图 5-32　废旧电子元器件创意设计参考图

项目6　电子基本工艺与技能训练

【项目简介】

　　"电子基本工艺与技能训练"是职业学校机电类及相关专业的一门专业核心课程，其实训内容多、操作技能强，也是维修电工的一项基本技能。其任务是通过学习和实训使学生能识别与检测各种电子元器件、认识与使用电子仪器仪表、制作简单电子电路、组装与调试简单电子产品，为学习后续专业课程打下基础；同时在学习中培养学生一丝不苟、尽职尽责的工作态度和工作作风以及良好的职业道德意识，为今后能从事维修电工相关工作并得到较快发展奠定基础。图6-1所示为手工焊接技术。

图 6-1　手工焊接技术

【项目实施】

任务1　直插元器件手工锡焊

任务目标

1）了解焊接及焊接设备的基本知识。

2) 掌握手工焊接技巧，锡焊方法、要求及其注意事项。

3) 熟练掌握引线成形锡焊方法。

情景描述

任何电子产品，从由几个零件构成的整流器到由成千上万个零部件组成的计算机系统，都是由基本的电子元器件构成的，按电路工作原理，用一定的工艺方法连接而成。虽然连接方法有多种（例如铆接、绕接、压接、粘接等），但使用最广泛的方法是锡焊。在无线电工程的焊接中，最常用的焊料为锡铅焊料，锡焊方法简便，只需使用简单的工具（如电烙铁）即可完成焊点整修、元器件拆换、重新焊接等工艺过程。此外，锡焊还具有成本低、易实现自动化等优点，在无线电工程中，它是使用最早、最广、占比大的焊接方法。

【任务准备】

一、焊料的基础知识

常用的焊锡料有两种：无铅锡丝和无铅锡条，锡条需专业生产设备锡炉过锡使用。

焊剂即助焊剂，常用的有松香助焊剂和焊油膏。

1) 松香助焊剂：在常温下，松香呈中性且很稳定。加温至70℃以上，松香就表现出能消除金属表面氧化物的化学活性。在焊接温度下，焊剂可增强焊料的流动性，并具有良好的去表面氧化层的特性。松香酒精溶液是用一份松香粉末和三份酒精配制而成的，焊接效果较好。

2) 焊油膏：是酸性焊剂，在电子电路的焊接中，一般不使用它，如果确实需要使用，焊接后立即使用溶剂将焊点附近清洗干净，以免对金属产生腐蚀。

锡线中，助焊剂在锡线中空部分，主要有灌注1芯、3芯、5芯等几种方式，其作用为：去除需焊锡焊盘处的氧化物；促进锡的湿润扩展；降低焊锡的表面张力；清洁焊锡的表面；将金属表面包裹起来，杜绝其与空气的接触，以防止再次氧化等。

二、手工锡焊的准备工作

根据焊锡点大小选定功率适合的电烙铁和烙铁嘴，根据所焊材质及焊盘大小调节适宜的温度范围，并使用温度测试仪测试实际温度。接电前应检查烙铁电源线是否完好无损，是否有漏电现象，并将地线接好，以确保人身安全及产品安全。

新烙铁嘴使用前应先在电烙铁第一次通电加热后，用锡丝在1/3烙铁嘴头部熔上一层锡，以使其易沾锡和防止氧化烙铁嘴。

作业前戴好防静电手环和手指套或手套，对产品做好防护。

准备好干净且湿度合适的海绵，以便使用中经常擦净有锡渣的过热变黑的烙铁嘴，海绵的湿润量如图6-2所示。

烙铁头的清洗，是每次焊锡开始前必须要做的工作，因为烙铁头在空气中暴露时，其表面被氧化形成氧化层，表面的氧化物与锡珠没有亲合性，焊锡时焊锡强度很弱。清洗注意事项如图6-3所示。

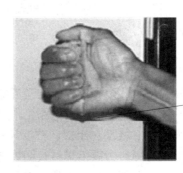

图 6-2　焊接前海绵的准备

图 6-3　烙铁头的清洗注意事项

烙铁头清洁对温度的影响如图 6-4 所示。

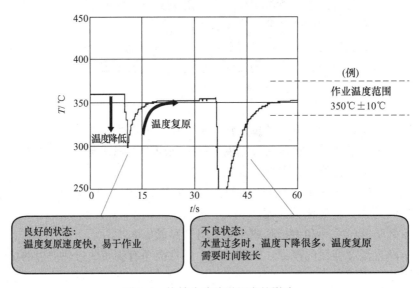

图 6-4　烙铁头清洁对温度的影响

焊接的正确姿势如图 6-5 所示。

图 6-5　焊接的正确坐姿

三、保证焊接质量的因素

1. 焊接温度与保温时间

焊接温度应比焊料熔点高，一般以 24～260℃ 较为合适。可根据松香发烟情况判断实际温度。

同样的电烙铁，加热不同热容量的焊件时，要想达到同样的焊接温度，可以用控制加热时间来实现，焊接保温时间过短或过长，都不合适。例如，用小容量电烙铁焊接大容量焊件时，无论停留时间多长，焊接温度也上不去，因为电烙铁和焊件在空气中要散热；若加热时间不足，将造成焊料不能充分浸润焊件，导致夹渣焊、虚焊等；若过量加热，除可能造成元器件损坏外，还会导致焊点外观变差、助焊剂被碳化、印制电路板上铜箔脱落等。

焊料的锡、铅比例，焊剂的质量，与焊接温度和保温时间是密切相关的。不同规格的焊料与焊剂，所需焊接温度与保温时间存在明显差异。在焊接实践中，必须区别对待，确保焊接质量。高质量的焊点，焊料与工件（元器件引脚和印制电路板焊盘等）之间浸润良好，表面光亮；如果焊点形同荷叶上的水珠，焊料与工件引脚浸润不良，则焊接质量就很差。

2. 焊点质量要求

焊点是电子产品中元器件连接的基础，焊点质量出现问题，可导致设备故障，一个似接非接的虚焊点会给设备造成故障隐患。因此，高质量的焊点是保证设备可靠工作的基础。焊点质量检验，主要包括三个方面：电气接触良好、机械结合牢固、外观光洁整齐。保证焊点质量最关键的一点就是必须避免虚焊。

3. 手工焊接操作的技巧

（1）焊接的手法

1）焊锡丝的拿法如图6-6所示。经常使用电烙铁进行锡焊的人，一般会把成卷的焊锡丝拉直，然后截成30cm左右的一段。在连续进行焊接时，锡丝的拿法为：用左手的拇指和食指夹住锡丝，用其余手指配合把锡丝连续向前送。送锡时，焊锡丝尖部30～50mm处，用大拇指和食指轻握后，用中指移动，自由提供锡线。若不是连续焊接，锡丝的拿法也可采用其他形式。

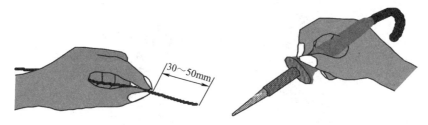

图6-6　焊锡丝的拿法

2）电烙铁的握法如图6-7所示。根据电烙铁的大小、形状和被焊件要求的不同，电烙铁的握法一般有三种形式：握笔法、反握法和正握法。握笔法适合在操作台上进行印制电路板的焊接；反握法适于大功率电烙铁的操作；正握法适于中等功率电烙铁的操作。

　　a) 握笔法　　　　　　　　　b) 反握法　　　　　　　　　c) 正握法

图6-7　焊接的手法

（2）手工焊接的基本步骤　手工焊接时，常采用焊接五步操作法（见图6-8）。

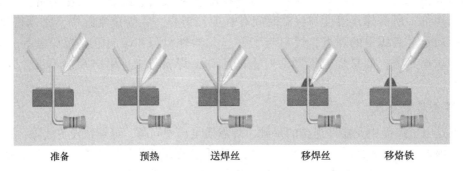

准备　　　　　预热　　　　　送焊丝　　　　　移焊丝　　　　　移烙铁

图6-8　焊接五步法示意图

1）准备施焊。准备好焊锡丝和电烙铁。此时特别强调的是烙铁头部要保持干净，即可以沾上焊锡（俗称吃锡）。

2）加热焊件。将电烙铁接触焊接点，注意首先要保持电烙铁加热焊件各部分，例如印制电路板上引线和焊盘都要受热；其次要注意让烙铁头的扁平部分（较大部分）接触热容量较大的焊件，烙铁头的侧面或边缘部分接触热容量较小的焊件，以保持焊件均匀受热。

3）熔化焊料。当焊件加热到能熔化焊料的温度后将焊丝置于焊点，焊料开始熔化并润湿焊点。

4）移开焊锡丝。当熔化一定量的焊锡后将焊锡丝移开。

5）移开电烙铁。当焊锡完全润湿焊点后移开电烙铁，注意移开电烙铁的方向应该是大致45°的方向。

上述过程，对一般焊点而言约3s。对于热容量较小的焊点，例如印制电路板上的小焊盘，有时用三步法概括操作方法，即将上述步骤②、③合为一步，④、⑤合为一步。

（3）加热的方法

1）加热技巧：根据实际需要，通过移动烙铁头，迅速大范围加热或采用烙铁头腹部进行加热。

2）加热原则：正确选择烙铁头，选择一种接触面相对较大的焊头。注意：不能因为焊头的接触面过小就提高焊接温度。

3）加热时间：在2~3.5s内完成，加热对焊锡的影响如图6-9所示。

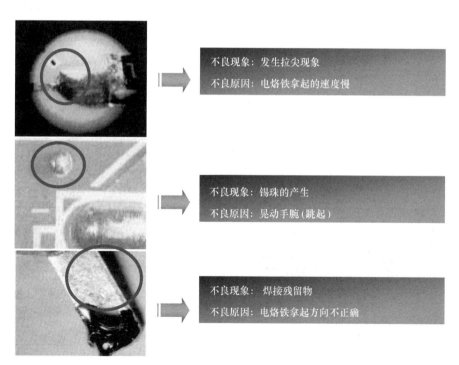

图6-9 加热对焊锡的影响

电烙铁取出的方向对焊锡的影响如图6-10所示，常见焊点缺陷见表6-1。

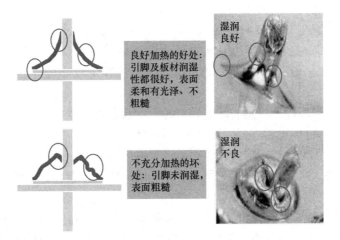

图 6-10 电烙铁取出的方向对焊锡的影响

表 6-1 常见焊点缺陷

常见焊点缺陷

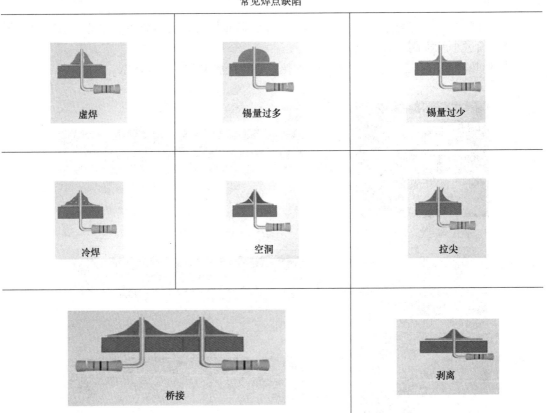

（4）锡桥的修正技巧 锡桥的修正技巧如图 6-11 所示。

（5）检查锡点标准

1）检查元器件焊接的高度，看是否按要求设置。

2）光泽且表面呈凹形曲线。

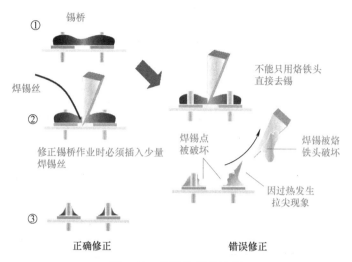

图6-11 锡桥的修正技巧

3）焊锡的润湿性良好，焊锡必须扩散均匀地包围元器件脚，焊点轮廓清晰可辨。

4）合适的焊锡量，焊锡不得太多，不得包住元器件脚顶部，元器件脚高出锡面 0.2~0.5mm。

5）焊锡表面有光亮、光滑、圆润，焊锡无断裂、针孔样的小孔，不可以有起角、锡珠、松香珠产生。

注：焊接高度是指元器件安装在 PCB 表面时，与 PCB 表面间的距离，单面焊板基准如图 6-12 所示。

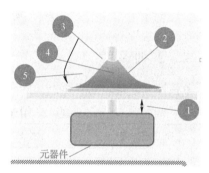

图6-12 单面焊板基准

【任务实训】

实训1　引线成形锡焊训练

一、实训过程

在组装印制电路板时，为了使元器件排列整齐、美观，因此对元器件引线的加工就成为不可缺少的一个步骤。元器件引线成形在工厂多采用模具，而在实训中只能用尖嘴钳或镊子加工，下面就介绍两种常见的引线成形。

（1）轴向引线元器件的成形　轴向引线元器件是指引线从元器件两侧一字伸出的元器件，如电阻、二极管等。成形的各种形状如图 6-13a 所示。

成形要求：引线折弯处距离根部要大于 1.5mm。弯曲的半径要大于引线直径的 2 倍，两根引线打弯后要相互平行，标称值要处于便于查看的位置。

（2）径向引线元器件的成形　径向引线元器件的引线在元器件的同侧。其成形方式如图 6-13b 所示。

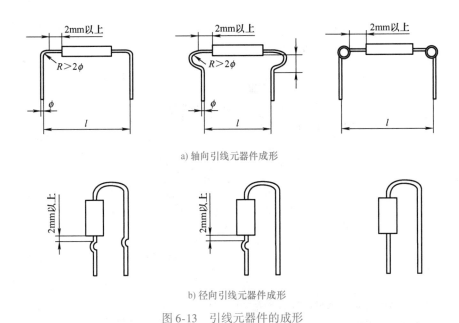

a) 轴向引线元器件成形

b) 径向引线元器件成形

图 6-13　引线元器件的成形

二、实训评定

考核评分记录表见表 6-2。

表 6-2　引线成形锡焊操作技能考核评分记录表

序号	主要内容	考核内容	配分	评分标准	扣分	得分
1	焊接工具及装配检测工具的选用	1）焊接工具的选用 2）装配检测工具的选用	10分	1）选用不正确扣2分 2）使用错误扣2分		
2	元器件的插装	1）正确加工元器件的引脚 2）元器件插装方向应符合规范 3）正确完成元器件的插装	40分	1）元器件引脚成形不合规范，每处扣1分 2）插装方向不正确，每处扣1分 3）将具有极性的元器件插装错误，每处扣2分 4）造成元器件损坏的扣3分		
3	元器件的焊接	元器件焊点质量	40分	焊点不符合要求，每处扣5分		
4	文明生产规定	安全用电，无人为损坏元器件、加工件和设备	10分	发生安全事故，视情况扣分		

实训 2　万用板直插元器件手工锡焊训练

一、实训过程

卧式安装法（水平式）是将元器件紧贴印制电路板插装，元器件与印制电路板的间距视具体情况而定，如图 6-14 所示。其优点是稳定性好，比较牢固，受振动时不易脱落。

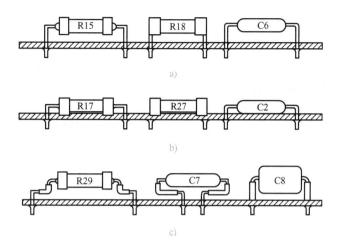

图6-14 卧式安装法（水平式）

立式安装置法（垂直式）如图6-15所示，其优点是密度较大，占用印制电路板的面积小，拆卸方便，电容、晶体管多数采用这种方法。

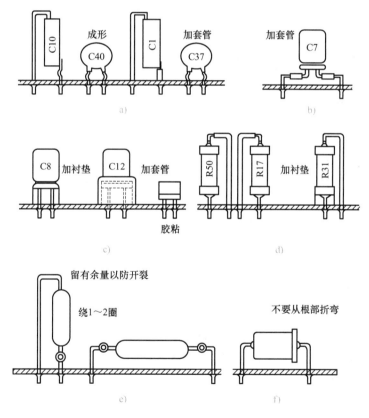

图6-15 立式安装法（垂直式）

小功率晶体管的装置方法：应根据需要和安装条件来选择，有正装、倒装、卧装和横装，安装时注意引脚极性不能装错，如图6-16所示。

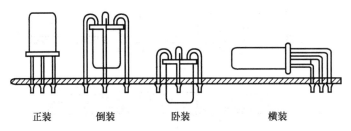

| 正装 | 倒装 | 卧装 | 横装 |

图 6-16　小功率晶体管的安装

二、实训评定

考核评分记录表见表 6-2。

任务2　单相桥式整流电路的安装与调试

任务目标

1）了解单相桥式整流电路的工作原理及功能。
2）掌握手工焊接技术，能进行手工焊接。
3）按照工艺要求安装单相桥式整流电路。
4）会安装、测试、估算单相桥式整流电路的相关参数。
5）能分析并排除电路故障。

情景描述

整流电路是把交流电转换为直流电的电路。大多数整流电路由变压器、整流主电路和滤波器等组成。它在直流电动机的调速、发电机的励磁调节、电解、电镀等领域得到广泛应用。

【任务准备】

单相桥式整流电路原理图如图 6-17 所示。

1. 电路的工作原理

如图 6-17 所示，该电路由电源变压器 T、整流二极管 VD1～VD4 和限流电阻 R 组成。电源变压器 T 二次侧的低压交流电，经过整流二极管 VD1～VD4 变成了脉动直流电，电阻 R 可以作为整流电路的负载。

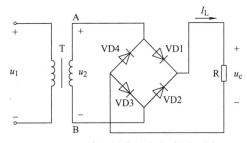

图 6-17　单相桥式整流电路原理图

工作过程如下：

$u_2 < 0$ 时，VD1、VD3 导通，VD2、VD4 截止，电流通路为 A→VD1→R→VD3→B。

$u_2 > 0$ 时，VD2、VD4 导通，VD1、VD3 截止，电流通路为 B→VD2→R→VD4→A。

在交流电正负半周都有同一方向的电流流过 R，4 只二极管中 2 只为一组，两组轮流导通，在负载上得到全波脉动的直流电压和电流。

2. 单相桥式整流电路的功能

整流电路的作用是将交流降压电路输出的电压较低的交流电转换成单向脉动性直流电，这就是交流电的整流过程，整流电路主要由整流二极管组成。经过整流电路之后的电压已经不是交流电压，而是一种含有直流电压和交流电压的混合电压，习惯上称为单向脉动性直流电压。

3. 整流桥

整流桥就是将整流管封在一个壳内，分全桥和半桥。全桥是将连接好的桥式整流电路的四个二极管封在一起。半桥是将两个二极管桥式整流的一半封在一起，用两个半桥可组成一个桥式整流电路，一个半桥也可以组成变压器带中心抽头的全波整流电路。选择整流桥要考虑整流电路和工作电压。常见的整流桥如图 6-18 所示。

图 6-18　常见的整流桥

【任务实训】

实训 3　单相桥式整流电路的安装与调试

一、实训过程

步骤 1：文明实训要求。

文明生产就是创造安全、正规、清洁的工作环境，养成按标准程序生产的良好习惯。

（1）室内布置要求　实训室内应光线充足，人工照明的光照度应达到 200lx，仪器设备、桌面、地面整洁、干燥。要有完整的通风设备，即使排出有害气体，工作中也闻不到异味，室内噪声应低于 60dB。

（2）操作要求　操作时，要穿工作服，戴工作帽，女生头发要束在帽子内，双手清洁，必要时戴手套，手套也要清洁。工作时禁止吸烟，不喝茶，也不吃零食。

（3）器材摆放要求　仪器放在桌子前方，摆放整齐。示波器、稳压电源、晶体管毫伏表、信号发生器可以叠放，注意发热的仪器设备放在上面，显示部分与双目齐平；电烙铁、镊子、斜口钳等工具放在右侧，便于取拿；电烙铁要有电烙铁架，电烙铁架最好用陶瓷制品，电烙铁发热部分不能暴露在外，防止电烙铁烫坏电源线，引起触电、火灾等事故。

必要的黏合剂、油漆、酒精等辅助材料放在稳定的重盒内，防止翻撒在工作台上和仪器、机件内。

零部件摆放整齐，小元器件用盒子按类放好。易擦伤的机件要用临时布罩或塑料袋套好，放进盒内，防止灰尘，移动搬运时轻拿轻放。

步骤 2：元器件的识别与检测。

根据原理图列出元器件清单并领取元器件，使用万用表进行元器件的识别与检测，将检测内容填入表 6-3 内。

表 6-3　元器件检测

序　号	符　号	名　称	测 量 结 果
1	R	电阻	
2		万能板	
3	T	变压器	
4	VD1 ~ VD4	整流二极管	

步骤 3：电路装配的布局和布线方法。

按电路原理图的结构在万能板上绘制电路元器件排列的布局。按工艺要求对元器件的引脚进行成形加工。按布局图在实验电路板上依次先电阻，再电容，最后开关的顺序进行元器件的排列、插装，布局图如图 6-19 所示。

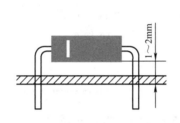

图 6-19　电路装配布局图

元器件的排列与布局以合理、美观为标准。其中，开关安装时应尽量紧贴印制电路板。

在板上确定各元器件的位置，用铅笔在正面（设不含有敷铜的一面为正面）画出各孔的连线（可以交叉）。在板的非敷铜面走线，防止在敷铜面走线时影响焊接。将漆包线穿过焊孔后用小刀刮去要焊接部分的绝缘漆，用电烙铁焊好。在正面按画好的线整齐摆放漆包线，在漆包线上刷一层胶水。待胶水干后装上元器件就成功了。由于漆包线很细，所以元器件可以和漆包线共用焊孔，这也是选择单孔万用板的原因。

步骤 4：焊接。

1. 焊接时要注意焊接技巧（尤其是单孔万用板的焊接技巧）

（1）初步确定电源、地线的布局　电源贯穿电路始终，合理的电源布局对简化电路起着十分关键的作用。某些单孔万用板布置有贯穿整块板子的铜箔，应将其用作电源线和地线；如果无此类铜箔，也需要对电源线、地线的布局有个初步的规划。

（2）善于利用元器件的引脚　单孔万用板的焊接需要大量的跨接、跳线等，不要急于剪断元器件多余的引脚，有时候直接跨接到周围待连接的元器件引脚上会事半功倍。另外，本着节约材料的目的，可以把剪断的元器件引脚收集起来作为跳线用。

（3）善于设置跳线　特别要强调这一点，多设置跳线不仅可以简化连线，而且要美观得多，如图 6-20 所示。

（4）善于利用元器件自身的结构　图 6-21 是矩阵键盘电路，图 6-22 是焊接的矩阵键盘，这是一个利用了元器件自身结构的典型例子。图 6-22 中的轻触式按键有 4 只脚，其中两两相通，我们便可以利用这一特点来简化连线，电气相通的两只脚充当了跳线。

图 6-20 设置跳线

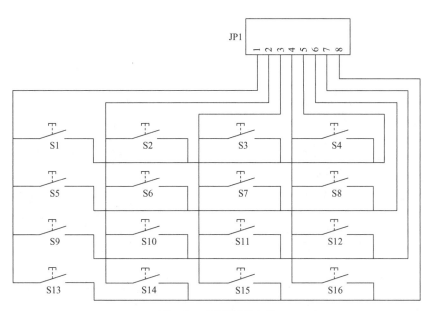

图 6-21 矩阵键盘电路

（5）善于利用排针 有人喜欢使用排针，是因为排针有许多灵活的用法。比如两块板子相连，就可以用排针和排座，排针既起到了两块板子间的机械连接作用，又起到电气连接的作用，这一点借鉴了计算机板卡的连接方法。

（6）在需要的时候隔断铜箔 在使用连孔板的时候，为了充分利用空间，必要时可用小刀割断某处铜箔，这样就可以在有限的空间放置更多的元器件。

（7）充分利用双面板 双面板比较昂贵，既然选择它就应该充分利用它。双面板的每一个焊盘都可以作为过孔，灵活实现正反面电气连接。

（8）充分利用板上的空间 芯片座里面隐藏元器件，既美观又能保护元器件（见图6-23）。

137

图 6-22　矩阵键盘

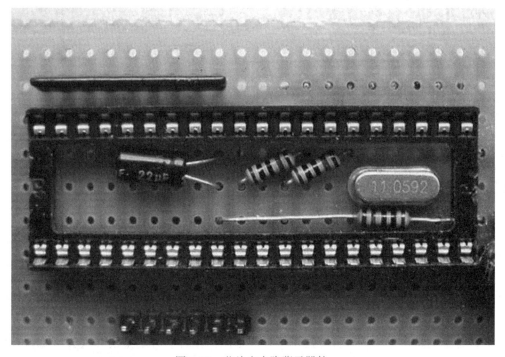

图 6-23　芯片座内隐藏元器件

2. 焊接注意事项

　　清洁被焊元器件处的积尘及油污，再将被焊元器件周围的元器件左右掰一掰，使烙铁头可以触到被焊元器件的焊锡处，以免烙铁头伸向焊接处时烫坏其他元器件。焊接新的元器件时，应对元器件的引线镀锡。

　　将沾有少许焊锡和松香的烙铁头接触被焊元器件几秒钟。若是要拆下印制电路板上的元器件，则待烙铁头加热后，用手或镊子轻轻拉动元器件，看是否可以取下。

若所焊部位焊锡过多，可将烙铁头上的焊锡甩掉，注意不要烫伤皮肤，也不要甩到印制电路板上，用光烙铁头"沾"些焊锡出来。当焊点焊锡过少、不圆滑时，可以用烙铁头"蘸"些焊锡对焊点进行补焊。

3. 焊点检验要求

电气接触良好：良好的焊点应该具有可靠的电气连接性能，不允许出现虚焊、桥接等现象。

机械强度可靠：保证使用过程中，不会因正常的振动而导致焊点脱落。

外形美观：一个良好的焊点应该明亮、清洁、平滑，焊锡量适中并呈裙状拉开，焊锡与被焊件之间没有明显的分界，这样的焊点才是合格、美观的。

4. 焊接检查

焊接完成后，应进行目视检查和手触检查。

（1）目视检查　就是从外观上检查焊接质量是否合格，有条件的情况下，建议用 3～10 倍放大镜进行目视检查。目视检查的主要内容有：

1）是否有错焊、漏焊、虚焊。

2）有没有连焊，焊点是否有拉尖现象。

3）焊盘有没有脱落，焊点有没有裂纹。

4）焊点外形润湿是否良好，焊点表面是不是光亮、圆润。

5）焊点周围是否有残留的焊剂。

6）焊接部位有无热损伤和机械损伤现象。

（2）手触检查　在外观检查中发现有可疑现象时，采用手触检查。主要是用手指触摸元器件，看是否有松动、焊接不牢的现象，用镊子轻轻拨动焊接部位或夹住元器件引线，轻轻拉动观察有无松动现象。

步骤5：检测。

上电检测，通过万用表、示波器、信号发生器等仪器对电路板的功能特性进行检测。

二、实训评定

请填写实训内容评价表，见表6-4。

表6-4　单相桥式整流滤波电路项目评价表

班　　级		姓　　名		学　　号		得　　分	
项　　目	考核要求	配分	评分标准	得分
元器件识别与检测	二极管的识别与检测	20分	1. 元器件识别错，每个扣1分 2. 元器件检测错，每个扣2分	
元器件成形、插装与排列	1. 元器件按工艺表要求成形 2. 元器件插装符合插装工艺要求 3. 元器件排列整齐，标记方向一致，布局合理	15分	1. 元器件成形不符合要求，每处扣1分 2. 插装位置、极性错误，每处扣2分 3. 元器件排列参差不齐，标记方向混乱，布局不合理，扣3～10分	

（续）

项　目	考核要求	配分	评分标准	得分
导线连接	1. 导线挺直，紧贴印制电路板 2. 板上的连接线呈直线或直角，且不能相交	20分	1. 导线弯曲、拱起，每处扣2分 2. 板上连接线弯曲时不呈直角，每处扣2分 3. 每处相交或在正面连线，扣2分	
焊接质量	1. 焊点均匀、光滑，无毛刺、无假焊等现象 2. 焊点上引脚不能过长	15分	1. 有搭焊、假焊、虚焊、漏焊、焊盘脱落、桥接等现象，每处扣2分 2. 出现毛刺、焊料过多、焊料过少、焊点不光滑、引线过长等现象，每处扣3分	
电路测试	正确使用示波器观察变压器二次侧、整流输出电压波形	20分	不会正确使用示波器观察变压器二次侧、整流输出电压波形，扣5～20分	
安全文明操作	1. 工作台上工具摆放整齐 2. 严格遵守安全操作规程	10分	1. 工作台面不整洁扣1～2分 2. 违反安全文明操作规程，酌情扣1～5分	
合计		100分		
教师签名				

任务3　苹果形计算机小音箱的制作

任务目标

1）能根据电路图识别苹果形计算机小音箱所需电子元器件的材料清单。

2）能熟练使用万用表检测所需的电子元器件。

3）能掌握苹果形计算机小音箱的焊接及布线工艺。

4）能掌握苹果形计算机小音箱的安装方法。

情景描述

××学校机电工程系的机房里，需要安装一批计算机用的有源小音箱。学校设备处采购了一批苹果形计算机小音箱套件，希望我们机电技术专业的学生来完成这一安装及调试的任务，以便机房里的师生可以正常使用。要求按时完成任务，经过调试可以正常使用。

【任务准备】

苹果形计算机小音箱电路原理图的识读

苹果形计算机小音箱的电路原理图如图6-24所示，通过音频线将MP3、MP4等设备的左、右两路音频信号输入到立体声盘式电位器的输入端，2路音频信号再分别经过R1、C1、

R4、C4 耦合到功率放大集成电路 D2822 的输入端 6、7 脚，经过 IC1（D2822）内部功率放大后由其 1、3 脚输出，经过放大后的音频信号推动左、右两路扬声器工作。电路中的发光二极管 LED 起电源通电指示作用。拨动开关 S 可以控制电源的开或关。直流电源插座 X 使电路可以外接电源。电位器 RP 用来控制音量的大小。

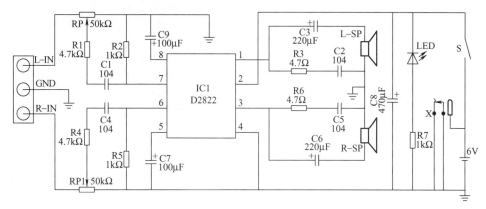

图 6-24 苹果形计算机小音箱的电路原理图

【任务实训】

实训 4 苹果形计算机小音箱的制作训练

一、实训过程

步骤 1：识别、清点元器件（见图 6-25）。

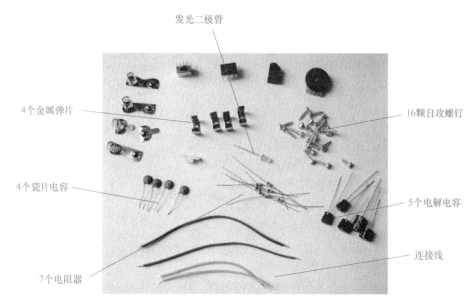

图 6-25 元器件的识别与清点

注意：拿到套件后，放到盒子中，认真清点，防止丢失！

步骤2：识读印制电路板（见图6-26）。

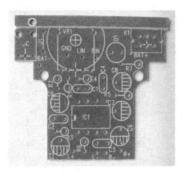

a) 字符面   b) 焊接面

图6-26 印制电路板的识读

步骤3：印制电路板的焊接。

1）焊接电阻，如图6-27所示。

2）焊接电位器，如图6-28所示。

图6-27 电阻的焊接   图6-28 电位器的焊接

3）焊接瓷片电容，如图6-29所示。

4）焊接集成电路，如图6-30所示。

5）焊接电解电容，如图6-31所示。

6）焊接发光二极管，如图6-32所示。

7）焊接电源开关及插座，如图6-33所示。

8）焊接电源线及音频线，如图6-34所示。

9）焊接扬声器，如图6-35所示。

步骤4：小音箱的安装。

1）用热风枪烫压扬声器周围的塑料将其固定在壳中，如图6-36所示。

2）金属弹片固定在壳中，如图6-37所示。

3）电池片装入壳中，如图6-38所示。

立式插装，要求
紧贴电路板

图 6-29　瓷片电容的焊接

注意脚位

图 6-30　集成电路的焊接

电解电容
的极性

图 6-31　电解电容的焊接

发光二极管
注意极性

图 6-32　发光二极管的焊接

电源插座

电源开关

图 6-33　电源开关及插座的焊接

绿色接L

电源线，注意+、−

黄色接G

红色接R

a) 电源线

b) 音频线

图 6-34　电源线及音频线的焊接

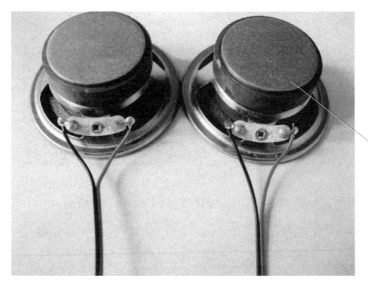

扬声器的线
从壳中穿出

图 6-35 扬声器的焊接

 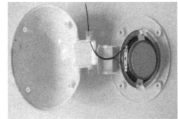 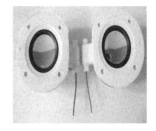

图 6-36 小音箱的安装

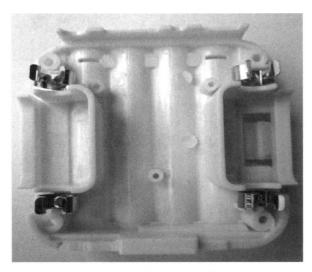

图 6-37 金属弹片的固定

图 6-38　电池片的安装

4）电路板固定在壳中，如图 6-39 所示，整体效果图如图 6-40 所示。

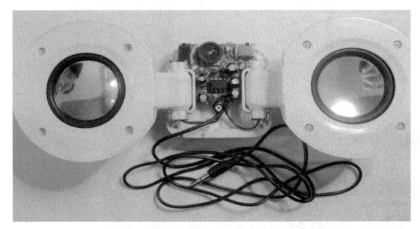

图 6-39　电池片的安装

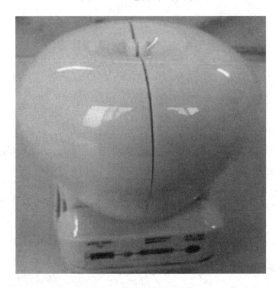

图 6-40　整体效果图

步骤 5：小音箱的调试。

安装完毕以后，将 4 节 7 号电池装入小音箱，小音箱接在计算机上进行调试，将调试内容填入表 6-5 中。

表 6-5　小音箱的调试

调试内容	调试结果	调试中遇到的问题	处理方法

二、实训评定

请填写实训内容评价表，见表6-6。

表 6-6　苹果形计算机小音箱的制作、调试与检测的评定表

	项 目 内 容		配分	评 分 标 准	扣分
1	元器件识别	1）根据元器件清单核对所用元器件的规格、型号和数量 2）对电路板按图做电路检查和外观检查	10分	1）清点元器件，有遗漏扣1分 2）不按图进行检查或存在的问题没有检查出来扣2分	
2	元器件检测	1）用万用表检测元器件，判断好坏 2）筛选不合格的元器件	15分	1）不会用万用表检测元器件扣3分 2）检查元器件方法不正确，不合格的元器件没有筛选出来扣1分	
3	安装元器件	1）元器件成形美观、整齐 2）电路板整洁，装配美观	10分	1）元器件插件不规范，位置和方向不正确扣2分 2）元器件插错扣1分，插件不规范扣1分	
4	焊接	1）焊点光滑，无虚焊和漏焊 2）焊接过程中损坏元器件	20分	1）有漏焊、连焊、虚焊等不良焊点，每处扣1分 2）焊接后元器件引线裸露长度不符合标准的扣1分 3）焊接时损坏焊盘及铜箔，每处扣2分 4）焊接时损坏元器件，每处扣3分	
5	调试	小音箱的调试	25分	1）方法不对每处扣2分，不会用仪器每处扣2分，操作不熟练每处扣2分 2）记录没有做好，结果不正确，每个扣2分 3）不进行项目调试每处扣5分	
6	工时定额		10分	每超1课时扣2分	
7	安全文明生产		10分	违反安全文明生产规程扣5~30分	
得分					
评语	自评：		小组评：		指导老师评：

【知识拓展】

无 线 音 箱

无线音箱有蓝牙无线音箱、WiFi 无线音箱、2.4G 无线音箱、FM 无线音箱等，从早期低成本 FM 无线音箱和高成本 2.4G 无线音箱发展到蓝牙无线音箱和 WiFi 无线音箱，蓝牙无线音箱在价格、防干扰效果、音质及使用的方便性及普及性被广大消费者所接受。市场上无线音箱大多以蓝牙无线音箱为主。

无线音箱一般以无线取代传统有线传输方式而得名，如果要达到完全无线最好内置大容量电池。

选择要点：

1）选择任何无线音响都要关注其是否内置电池，不内置电池的产品不方便携带。

2）查看自己所要使用的设备是否兼容无线音箱。

3）音箱音质差异很大，选择前最好试听其效果。

4）市面主流依然是蓝牙音箱。

【拓展训练】

太阳能电子风铃焊接训练

一、训练要求

1）通过太阳能电子风铃焊接训练进一步训练学生创造能力与动手能力。

2）进一步掌握焊接技巧。

3）了解倍压式太阳能引擎的知识。

二、训练材料

太阳能电子风铃元器件清单见表 6-7。

表 6-7　太阳能电子风铃元器件清单

序　号	元器件名称	数　量
1	太阳电池板 4V	1
2	电容 2200μF	4
3	MN1381 - L	1
4	晶体管 8050	1
5	晶体管 8550	1
6	二极管	2
7	电阻 1kΩ	2
8	电磁线圈	1
9	单孔万用板	1
10	风铃	1
11	钕铁硼磁铁	1

注：风铃宜选用日式江户风铃。这种风铃通体以玻璃制成，所以不会影响磁力线通过。

三、训练内容

1. 焊接电路

电子风铃电路原理图如图6-41所示。按照电路原理图焊接电路。

2. 装配电路

焊接完电路后装配电路，电子风铃整体效果图如图6-42所示。

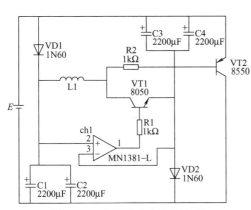

图6-41　电子风铃电路原理图

图6-42　电子风铃整体效果图

创意DIY

日常用品也可以"发声"

生活中的扬声器和小耳机，每个人都非常熟悉。但不知你有没有想过，无论是布料、纸张、木片还是贝壳，都能在一些简易的改造之后变为扬声器。只要自制一个平面线圈，再加上一个大磁铁，就可以让一些再普通不过的日常物品发出或许微小，但却很动人的声音。

电磁感应现象是电磁式扬声器的基础。给平面线圈通电的时候，线圈可以等效为一个电磁铁。当通入变化的电流时，线圈产生的磁力变化，受到固定磁体的吸引/排斥，运动的线圈带动基材运动，将振动传播到空气中，就形成了人们听到的声音。平面扬声器设计图如图6-43所示，纸和铜箔的搭配如图6-44所示。

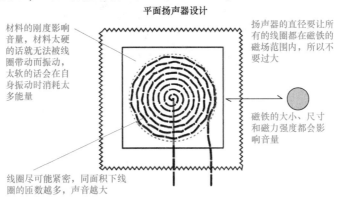

图6-43　平面扬声器设计图

图 6-44　纸和铜箔的搭配

　　用铜箔的话，直接裁下或者腐蚀出需要的形状，在纸片或者布片上粘牢就行，引出线可以直接焊在上面。最后的工序是把做好的导电线圈固定在强磁铁的磁极附近，建议做一个坚实不易变形的支架，把线圈挂在磁铁上方，并且把线圈和磁铁都与支架粘结实。固定好以后，接上电源调试声音。自制扬声器需要的功耗比较大，所以一般需要一级功率放大电路来驱动。做好的平面扬声器如图 6-45 所示。

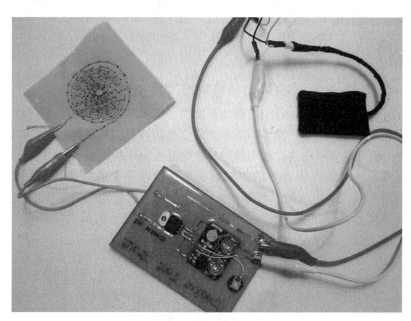

图 6-45　扬声器实物图

项目7 PLC控制技术技能训练

【项目简介】

PLC 已经普及到各行各业，PLC 控制系统的维护已经成为维修电工日常工作的核心技能。图 7-1 所示为三菱 FX2N48MR 型 PLC 微型机面板。

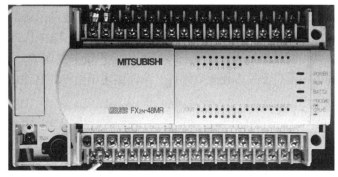

图 7-1　三菱 FX2N48MR 型 PLC 微型机面板

【项目实施】

任务1　电动机正反转控制电路的安装与调试

任务目标

1）掌握 PLC 的基本指令。
2）学会利用外部接线图，选择所需元件。
3）掌握 PLC 设计的基本方法和步骤。
4）能够安装 PLC 的外部电路和主电路。

情景描述

维修电工学习 PLC 的理由如下：
1）有优势。拥有电工基础，对于学习 PLC 这些工控知识占有明显的优势。了解简单的电路知识，然后再学习编程，编起程序来就更加得心应手。

2）涨薪升职。学好技术可以让你的工资和职位都获得提升，技术就是最重要的一张闪亮名片。

3）抓住机遇。现在正是电工行业飞速发展的重要时刻，中国制造业面临转型，连著名工厂富士康已经在使用机器人，这需要大量的技术员去维护。

【任务准备】

一、PLC 的概念

可编程序控制器（PLC）是一种可编程序的存储器，用于存储内部程序，执行逻辑运算、顺序控制、定时、计数与算术操作等面向用户的指令，并通过数字或模拟式输入/输出控制各种类型的机械或生产过程。

1969 年，第一台 PLC 用于美国通用汽车公司的汽车装配线，用它取代了接触器控制系统。PLC 设计理念是将计算机系统的功能完备、灵活、通用与继电器控制系统的简单易懂、操作方便、价格便宜等优点结合起来，制造出一种新型的工业控制设备。由于 PLC 的控制方式属于存储程序控制方式，其控制功能是通过存放在存储器内的程序来实现的，若要修改控制功能，只需改变软件指令即可，不需要过多地改变硬件，从而实现了硬件的软件化管理。

二、PLC 的主要特点

1. 使用方便，编程简单

采用简明的梯形图、逻辑图或语句表等编程语言，无需计算机知识，因此系统开发周期短，现场调试容易。另外，可在线修改程序，改变控制方案而不改动硬件。

2. 功能强，性能价格比高

一台小型 PLC 内有成百上千个可供用户使用的编程元件，功能强大，可以实现非常复杂的控制功能。它与相同功能的继电器系统相比，具有很高的性能价格比。PLC 可以通过通信联网，实现分散控制，集中管理。

3. 硬件配套齐全，用户使用方便，适应性强

PLC 产品已经标准化、系列化、模块化，配备有品种齐全的各种硬件装置供用户选用，用户能灵活方便地进行系统配置，组成不同功能、不同规模的系统。PLC 的安装接线也很方便，一般用接线端子连接外部接线。PLC 有较强的带负载能力，可以直接驱动一般的电磁阀和小型交流接触器。

硬件配置确定后，可以通过修改用户程序，方便快速地适应工艺条件的变化。

4. 可靠性高，抗干扰能力强

传统的继电器控制系统使用了大量的中间继电器、时间继电器，由于触头接触不良，容易出现故障。PLC 用软件代替大量的中间继电器和时间继电器，仅剩下与输入和输出有关的少量硬件元件，接线可减少到继电器控制系统的 1/10 ~ 1/100，因触头接触不良造成的故障大为减少。

PLC 采取了一系列硬件和软件抗干扰措施，具有很强的抗干扰能力，平均无故障时间达

到数万小时以上，可以直接用于有强烈干扰的工业生产现场，PLC已被广大用户公认为最可靠的工业控制设备之一。

5. 系统的设计、安装、调试工作量少

PLC用软件功能取代了继电器控制系统中大量的中间继电器、时间继电器、计数器等器件，使控制柜的设计、安装、接线工作量大大减少。

PLC的梯形图程序一般采用顺序控制设计法来设计，这种编程方法很有规律，很容易掌握。对于复杂的控制系统，设计梯形图的时间比设计相同功能的继电器系统电路图的时间要少得多。

PLC的用户程序可以在实验室模拟调试，输入信号用开关来模拟，通过PLC上的发光二极管可观察输出信号的状态。完成系统的安装和接线后，现场统调过程中发现的问题一般通过修改程序就可以解决，系统的调试时间比继电器系统少得多。

6. 维修工作量小，维修方便

PLC的故障率很低，且有完善的自诊断和显示功能。PLC或外部的输入装置和执行机构发生故障时，可以根据PLC上的发光二极管或编程器提供的信息迅速地查明故障的原因，用更换模块的方法可以迅速地排除故障。

三、常见的 PLC 生产厂商

常见的PLC生产厂商有：美国的A-B公司、通用电器（GE）、德州仪器（TI）、莫迪康（MODICON）、西屋；日本的三菱（MITSUBISHI）、欧姆龙（OMRON）、松下（Panasonic）；德国的西门子（SIEMENS）等。

四、以日本三菱的 FX2N 系列微型机为例的 PLC 硬件知识

1. PLC 的内部结构

PLC的内部结构如图7-2所示。

2. 各组成部分的作用

（1）CPU 将各种输入信号存入存储器；编译、执行指令；把结果送到输出端；响应各种外部设备的请求。

（2）存储器 RAM用于存储各种暂存数据、中间结果、用户程序；ROM用于存放系统程序和固定不变的用户程序。

（3）开关量输入、输出接口（I/O口） I/O口为与工业生产现场控制电器相连接的接口，接口采用光电隔离和RC滤波电路，实现了PLC的内部电路与外部

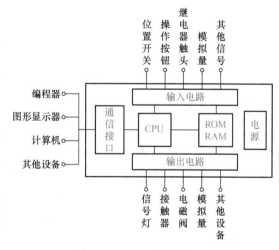

图7-2 PLC的内部结构图

电路的电气隔离，并减小了电磁干扰，同时满足工业现场各类信号的匹配要求。

输入接口的作用：用来接收、采集外部输入信号，并将其转换成CPU可接收的数字信息。

输入接线端：是PLC外部可见并可操作的部分，由电源输入端、信号输入端（X）、信号输入公共端（COM）三部分组成，如图7-3所示。

输出接口的作用：输出接口是 PLC 与外部负载之间的桥梁，将 PLC 向外输出的信号转换成可以驱动外部执行电路的控制信号，以便控制如接触器线圈等电器的通断电。

图 7-3　PLC 输入接线端

3. PLC 控制系统与接触器控制系统的比较

PLC 控制系统与接触器控制系统的比较如图 7-4 所示。

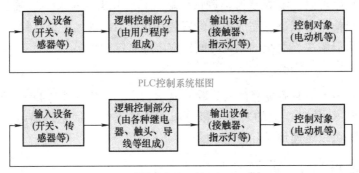

图 7-4　PLC 控制系统与接触器控制系统

五、以日本三菱的 FX2N 系列微型机为例的 PLC 软件知识

PLC 有三种语言：梯形图、语句表（指令表）、顺序功能流程图（SFC）。

1. 梯形图

用图形符号在图中的相互关系来表达控制逻辑的编程语言。梯形图的特点是形象、直观。与继电器控制电路相似，是编程的首选方法，示例如图 7-5 所示。

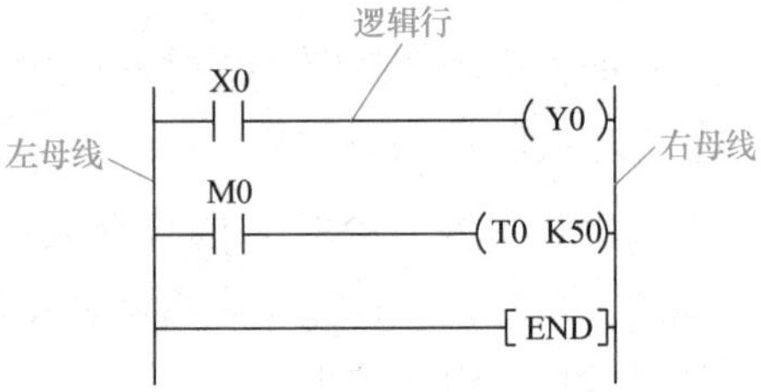

画梯形图时必须遵守以下原则：

1）左母线只能接各类触头，右母线只能接各类线圈（不含输入继电器线圈）。

图 7-5　PLC 梯形图

2）所有软元件的编号应在列表之内，一般情况下同一线圈的编号在梯形图中只能出现一次，而同一触头的编号可以重复出现，线圈不能串联。

3）在梯形图中，不能直接驱动负载，只能用输出继电器 Y 驱动负载。

4）梯形图应按控制顺序从左到右、从上到下依次绘出，最后一逻辑行为 END。

2. 语句表

语句表是由序号、助记符（指令）和操作数组成的汇编语言，与梯形图中每个元件及其状态相互对应。

序号	指令	操作数（操作元件）
1	LD	X0

2	OUT	Y0	
3	LD	M0	
4	OUT	T0	K50
5	END		

3. 顺序功能流程图

顺序功能流程图语言是为了满足顺序逻辑控制而设计的编程语言。步、转换和动作是顺序功能流程图的三种主要元件。步是一种逻辑块，每一步代表一个控制功能任务，用方框表示；动作是控制任务的独立部分，每一步可以进一步划分为一些动作；转换是从一个任务到另一个任务的条件。编程时将顺序流程动作的过程分成步和转换条件，根据转换条件对控制系统的功能流程顺序进行分配，一步一步地按照顺序动作。

顺序功能流程图编程语言的特点：以功能为主线，按照功能流程的顺序分配，条理清楚，便于用户程序的阅读及维护，大大减轻编程的工作量，缩短编程和调试时间，避免了梯形图或其他语言不能顺序动作的缺陷，同时也避免了用梯形图语言对顺序动作编程时，由于机械互锁造成用户程序结构复杂、难以理解的缺陷，用户程序扫描时间也大大缩短。

目前，大多数PLC仅将顺序功能流程图作为组织编程的工具使用，需要梯形图等其他编程语言将它转换成PLC可执行的程序，因此，通常只是将它作为PLC的辅助编程工具，而不是一种独立的编程语言。

4. PLC的基本指令

（1）连接指令　连接左母线或电路块时输入的第一个指令。

取指令LD：使常开触头与左母线或电路块连接。

取反指令LDI：使常闭触头与左母线或电路块连接。

LD指令和LDI指令可操作的元件有X、Y、M、S、T、C。

图形符号及语句表如图7-6所示。

（2）输出（驱动）指令　输出指令OUT：驱动线圈通电。

OUT指令可操作的元件有Y、M、S、T、C。

图形符号及语句表如图7-7所示。

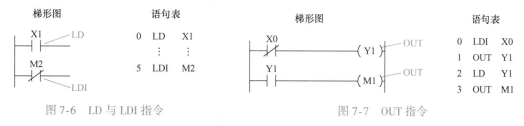

图7-6　LD与LDI指令　　　　　　　　　　图7-7　OUT指令

OUT指令的使用说明：OUT不能驱动输入继电器，因为输入继电器的状态是由输入信号决定的；OUT可并联连续使用，视为并行输出，次数不限；定时器T和计数器C使用OUT指令后，还需赋定时值和计数值。

（3）串联（与）指令　当继电器的触头与其他继电器触头串联时使用该指令。

AND：常开触头与其他触头串联。

ANI：常闭触头与其他触头串联。

AND 指令和 ANI 指令可操作的元件有 X、Y、M、S、T、C。

图形符号及语句表如图 7-8 所示。

AND 指令和 ANI 指令的使用说明：可连续使用，使用次数不限；在 OUT 指令之后，再通过触头对其他线圈使用 OUT 指令，称之为纵接输出。

梯形图

X1
M1
Y1
M0
Y0
M1

语句表

0	LDI	X1
1	AND	M1
2	OUT	Y0
3	LD	M0
4	ANI	Y0
5	OUT	M1

图 7-8　AND 与 ANI 指令

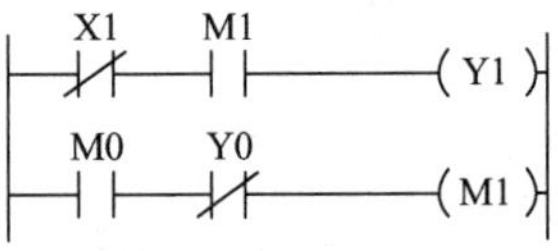

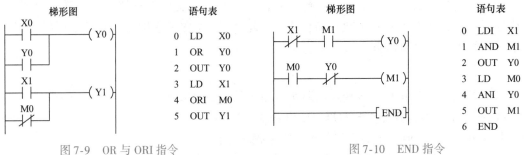

（4）并联（或）指令　当一个触头与其他触头并联时应用该指令。

OR：常开触头与其他触头并联。

ORI：常闭触头与其他触头并联。

OR 指令和 ORI 指令可操作的元件有 X、Y、M、S、T、C。

图形符号及语句表如图 7-9 所示。

（5）结束指令　END：没有操作数。

图形符号及语句表如图 7-10 所示。

梯形图

X0
Y0
Y0
X1
Y1
M0

语句表

0	LD	X0
1	OR	Y0
2	OUT	Y0
3	LD	X1
4	ORI	M0
5	OUT	Y1

图 7-9　OR 与 ORI 指令

梯形图

X1
M1
Y0
M0
Y0
M1
END

语句表

0	LDI	X1
1	AND	M1
2	OUT	Y0
3	LD	M0
4	ANI	Y0
5	OUT	M1
6	END	

图 7-10　END 指令

【任务实训】

实训 1　电动机正反转编程练习及安装调试训练

一、实训过程

1. 任务要求

设计一个用 PLC 控制电动机正反转的系统，其控制要求如下：

1）按下正转起动按钮 SB2，继电器 KM1 得电，电动机正转运行。

2）按下反转起动按钮 SB3，继电器 KM2 得电，电动机反转运行。

3）任何时刻按下停止按钮 SB1，KM1 或 KM2 均失电，电动机停止运行。

4）为了安全，保留必要的联锁控制。

2. 任务分析

程序要求在运行时按下起动按钮 SB2，电动机正转起动连续运行；按下反转起动按钮 SB3，电动机反转起动连续运行；按下停止按钮 SB1，电动机停止工作。注意电动机连续运行要进行正反转切换时，要先停止正在运行的电动机，然后才能进行切换。

PLC 外部接线图如图 7-11 所示。

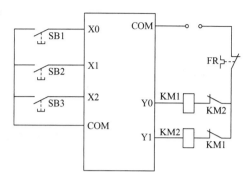

图 7-11　PLC 外部接线图

3. 任务准备

材料准备：3kW 电动机一台，计算机一台，三菱 PLC 一台，元件、导线若干。

工具：电工常用工具一套。

4. 任务实施

1）根据任务要求写出 I/O 分配表，画出外部接线图、梯形图。

2）根据外部接线图进行电路安装和调试。

5. 操作要求

1）画出正反转电气原理图。

2）根据电气原理图，设计梯形图。

3）选择所需元件。

6. 注意事项

1）根据电动机功率选择元件。

2）元件的参数要选择合理，过多将提高成本，过少不能正常工作。

二、实训评定

实训评定见表 7-1。

表 7-1　电动机正反转编程练习及安装调试

序号	主要内容	考核内容	配分	评分标准	扣分	得分
1	绘制 PLC 接线图、梯形图	1）PLC 接线图 2）梯形图	30 分	1）绘制不正确，每处扣 1～5 分 2）使用错误扣 10 分		
2	编写 PLC 指令语句表并输入 PLC	1）指令语句表 2）输入 PLC	20 分	1）编写不正确一处扣 2 分 2）输入错误扣 10 分		
3	接线并调试	1）安装 PLC 外部电路 2）调试电路	40 分	1）工艺不规范，每处扣 2 分 2）调试不成功扣 20 分		
4	文明生产规定	安全用电，无人为损坏元件、加工件和设备	10 分	发生安全事故，视情况扣分		

任务 2　工作台（小车）自动往返控制电路的安装与调试

任务目标

1）掌握 PLC 的基本指令。

2）学会利用外部接线图，选择所需元件。

3）掌握 PLC 设计的基本方法、步骤。

4）能够安装工作台（小车）自动往返控制电路的外部电路和主电路。

情景描述

由于工作台（小车）自动往返控制电路在各种机床应用中具有实际意义，因此在实训教学中都将工作台自动往返控制电路作为典型的 PLC 案例分析。

【任务准备】

1. 置位指令和复位指令

置位指令 SET：使被操作的线圈自锁（自保）。

复位指令 RST：使被操作的线圈或元件解锁（清零）。

置位指令 SET 可操作的元件有 Y、M、S。

复位指令 RST 可操作的元件有 Y、M、S、T、C、D、V、Z。

图形符号如图 7-12 所示。

2. 电路块指令

电路块：两个或两个以上触头的连接。

电路块连接：前一个触头或电路块与后一个触头没有串并联关系的连接。

电路块串联指令：ANB。

电路块并联指令：ORB。

ANB 指令和 ORB 指令没有操作数。

ANB 指令的图形符号及语句表如图 7-13 所示。

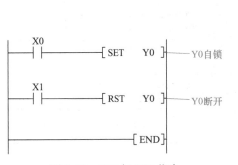

图 7-12　SET 与 RST 指令

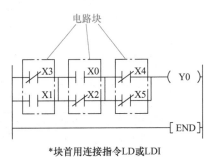

*块首用连接指令LD或LDI

图 7-13　ANB 指令

ORB 指令的图形符号及语句表如图 7-14 所示。

3. 栈存储器指令

栈存储器指令用于解决多路输出问题。

进栈指令 MPS：将某些触头的逻辑信息进行存储。

读栈指令 MRD：读出存储的信息，提供给下一逻辑行使用（不取出）。

出栈指令 MPP：取出存储的信息，提供给下一逻辑行使用（取出）。

栈存储器指令没有操作数。

图形符号及语句表如图 7-15 所示。

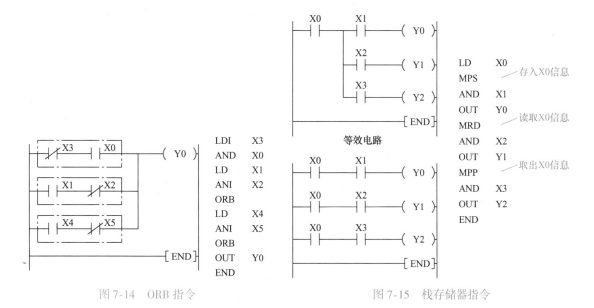

图 7-14　ORB 指令　　　　　　　　图 7-15　栈存储器指令

4. 主控和主控返回指令

主控和主控返回指令用于解决多路输出问题。

主控指令 MC：产生一临时的左母线，形成一个主控电路块。

主控返回指令 MCR：消除临时产生的左母线，结束主控电路块。

MC 指令可操作元件有 M、Y；MCR 指令无操作数。

图形符号及语句表如图 7-16 所示。

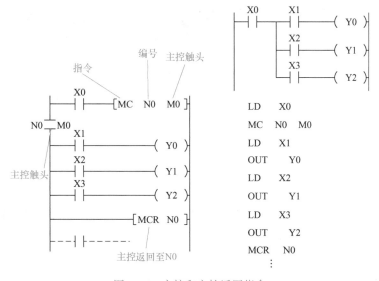

图 7-16　主控和主控返回指令

【任务实训】

实训 2　工作台（小车）自动往返控制电路的安装与调试训练

一、实训过程

1. 任务描述

某运料小车，当按下 SB1 后小车由 SQ1 处前进到 SQ2 处停 5s，再后退到 SQ1 处停下；当按下 SB2 后，小车由 SQ1 处前进到 SQ3 处停 5s，再后退到 SQ1 处停下，如图 7-17 所示。

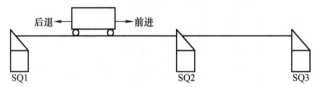

图 7-17　工作台（小车）自动往返控制

2. 控制电路图

工作台（小车）自动往返控制电路图如图 7-18 所示。

3. PLC 接线图

工作台（小车）自动往返控制电路 PLC 接线图如图 7-19 所示。

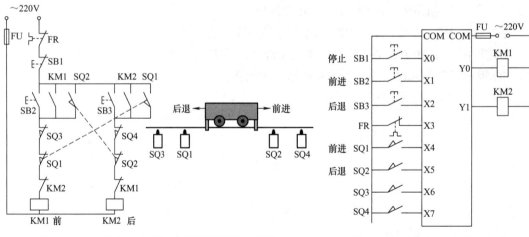

图 7-18　工作台（小车）自动往返控制电路图

图 7-19　工作台（小车）自动
往返控制电路 PLC 接线图

4. 任务准备

材料准备：3kW 电动机一台，计算机一台，三菱 PLC 一台，元件、导线若干。

工具：电工常用工具一套。

5. 任务要求

1）绘制输入/输出分配表。

2）画出 PLC 与现场元件的实际连线图。

3）画出状态流程图。

4）编写指令程序。

5）进行系统调试，完善程序。

6）进行硬件系统的安装。

7）对整个系统进行现场调试和运行。

6. 注意事项

1）选择元件时应根据电动机功率选择。

2）元件的参数要选择合理，过多将提高成本，过少不能正常工作。

二、实训评定

实训评定见表 7-2。

表 7-2　工作台（小车）自动往返控制电路的安装与调试

序号	主要内容	考核内容	配分	评分标准	扣分	得分
1	绘制 PLC 接线图、梯形图	1）PLC 接线图 2）梯形图	30 分	1）绘制不正确，每处扣 1～5 分 2）使用错误扣 10 分		
2	编写 PLC 指令语句表并输入 PLC	1）指令语句表 2）输入 PLC	20 分	1）编写不正确，每处扣 2 分 2）输入错误扣 10 分		
3	接线并调试	1）安装 PLC 外部电路 2）调试电路	40 分	1）工艺不规范，每处扣 2 分 2）调试不成功扣 20 分		
4	文明生产规定	安全用电，无人为损坏元件、加工件和设备	10 分	发生安全事故，视情况扣分		

【知识拓展】

无人工厂

无人工厂又叫自动化工厂、全自动化工厂，是指全部生产活动由电子计算机进行控制，生产第一线配有机器人而无需配备工人的工厂。

无人工厂里安装有各种能够自动调换的加工工具。从部件加工到装配以至最后一道工序成品检查，都可在无人的情况下自动完成。

无人工厂的生产命令和原料从工厂一端输进，经过产品设计、工艺设计、生产加工和检验包装，最后从工厂另一端输出产品。所有工作都由计算机控制的机器人、数控机床、无人运输小车和自动化仓库来实现，人不直接参与工作。白天，工厂内只有少数工作人员做一些核查，修改一些指令；夜里，只留两三名监视员。

无人工厂必将进一步加快整个制造业的"工厂自动化"进程。无人工厂能把人完全解放出来，而且能使生产率提高一二十倍。无人工厂是未来制造业工厂的一种发展方向。

【拓展训练】

机械手 PLC 控制电路安装与调试

一、任务描述

某机械手可以上、下、左、右运动，并可以对物品实现夹紧与放松的操作，每个动作均由各动作对应的电磁阀驱动气缸来完成。SQ1、SQ2、SQ3、SQ4 分别作为上、下、左、右限位开关，能控制机械手准确定位。请同学们根据下面的控制要求和工作方式自己进行设计，并进行上机（PLC 实训设备）验证。

二、控制要求

1）机械手停在初始位置上，其上限位开关 SQ1 和左限位开关 SQ3 闭合。

2）当按下起动按钮 SB 时，机械手由初始位置开始向下运动，直到下限位开关 SQ2 闭合为止。

3）在 A 处机械手夹紧工件时间为 1s。

4）夹紧工件后向上运动，直到上限位开关 SQ1 闭合为止。

5）再向右运动，直到右限位开关 SQ4 闭合为止。

6）再向下运动，直到下限位开关 SQ2 闭合为止。

7）机械手将工件放在工作台 B 处，其放松的时间为 1s。

8）再向上运动，直到上限位开关 SQ1 闭合为止。

9）再向左运动，直到左限位开关 SQ3 闭合为止，机械手返回到初始状态，完成一个工作周期。

三、工作方式

（1）手动控制方式　选择开关 SA 置于 SA0 手动控制处，即 X20 接通，再通过控制面板上各按钮（X10~X15）使机械手单独接通或断开，完成其相应的动作。

（2）回原点控制方式　选择开关 SA 置于 SA1 回原点处，即 X21 接通，当按下原点按钮 X15 后，机械手自动回到原点位置。

（3）单步运行控制方式　选择开关 SA 置于 SA1 单步运行处，即 X22 接通，按动单步起动按钮 X26，机械手前进一个工作状态。

（4）单周期控制方式　选择开关 SA 置于 SA3 单周期处，即 X23 接通，同样按下起动按钮 X26，机械手自动运行一个工作周期后回到原点位置停止。

（5）连续运行控制方式　选择开关 SA 置于 SA4 处，即 X24 接通，机械手在原点位置时，按下起动按钮 X26，机械手可以连续反复运行。若在运行过程中，按下停止按钮 X27，则机械手运行回到原点处才自动停止。

注：单步、单周期、连续运行控制方式均属于自动控制方式。面板上的负载电路起动按钮、急停按钮与 PLC 运行程序无关，这两个按钮仅用于连通或断开 PLC 外部的电源。

四、任务要求

请根据任务描述，结合控制要求，在分析完工作方式后，按时按要求完成机械手 PLC 控制电路安装与调试的任务。

 创意DIY

泥土电池的制作

将两块不同的金属，通常是铜和锌，插入到泥土中，利用泥土中的电解质就可构成一个原电池。两个金属极之间会产生 1V 左右的电动势差。荷兰设计师 Marieke 利用这个简单原理设计了几款借自然力的小作品，如图 7-20 所示。插在泥土中的铜锌电极构成了它的能源，只要你持续浇水，LED 灯泡会一直为你照亮。

图 7-20　泥土电池

参 考 文 献

［1］李敬梅．电力拖动控制电路与技能训练［M］．5 版．北京：中国劳动社会保障出版社，2014．

［2］余寒．电动机继电控制电路安装与检修［M］．北京：中国劳动社会保障出版社，2013．

［3］张敏．照明电路安装与检修［M］．北京：中国劳动社会保障出版社，2012．

［4］王猛，杨欢．电子技术项目训练教程［M］．北京：高等教育出版社，2015．

［5］范次猛，朱崇志．电工技术项目训练教程［M］．北京：高等教育出版社，2015．